智慧城市重大危险源安全监控开发设计

程孝龙 孙 斌 著

華中科技大學出版社
http://www.hustp.com
中国·武汉

图书在版编目（CIP）数据

智慧城市重大危险源安全监控开发设计/程孝龙　孙　斌 著. —武汉：华中科技大学出版社，2013.8

ISBN 978-7-5609-9277-8

Ⅰ. ①智…　Ⅱ. ①程… ②孙…　Ⅲ. ①现代化城市-重大危险源-安全监控系统-系统设计　Ⅳ. ①X924.3

中国版本图书馆 CIP 数据核字（2013）第 170426 号

智慧城市重大危险源安全监控开发设计　　程孝龙　孙　斌　著

策划编辑：王京图
责任编辑：王京图
封面设计：傅瑞学
责任校对：九万里文字工作室
责任监印：周治超
出版发行：华中科技大学出版社（中国·武汉）
武汉喻家山　　邮编：430074　　电话：（027）81321915
录　　排：北京星河博文文化有限责任公司
印　　刷：华中理工大学印刷厂
开　　本：710mm×1000mm　1/16
印　　张：12.75
字　　数：229 千字
版　　次：2013 年 8 月第 1 版第 1 次印刷
定　　价：28.00 元

华中出版

本书若有印装质量问题，请向出版社营销中心调换
全国免费服务热线：400-6679-118，竭诚为您服务

前 言

“智慧城市”是目前最热门的话题，也是国内最前沿的研究课题之一，引起了社会各界的极大关注。而当物联网和智慧城市战略上升到一个国家的经济、科技战略层面，各地政府就没有理由继续沉默观望。各地政府、高校和企业为了能在该战略中快走一步，纷纷采取了一系列措施。上海、深圳、南京、武汉、成都、杭州、宁波、佛山、昆山等城市，相继推出了“智慧城市”的发展战略，努力争夺先发优势。

随着城市建设的发展，一些有毒、有害、易燃、易爆等危险源，有明显向城市整体区域扩散的趋势，由此产生的火灾、爆炸和有毒物质泄漏等重大灾害事故屡屡发生，严重危及了城市安全。为了确保城市的平安，必须把城市重大危险源的控制与管理提到重要位置，从而提出了运用物联网技术，实现城市智慧安全管理的思想。

本书分为基础、开发和应用三部分。

基础部分包括第1～3章，分别介绍智慧城市安全管理需求、智慧安全方案设计的基本概念与规划及总体框架等。

开发部分包括第4～6章，详细介绍了重大危险源安全生产监控需求分析与架构设计、政府端应用系统与企业端应用系统设计与软件设计等。

应用部分包括第7～8章，重点介绍了重大危险源安全监控运营模式及实施步骤等。

本书内容详尽，实用性强，注重理论和实践的结合。通过本书，读者可以自行设计和实施自己的智慧城市重大危险源及危险化学品安全生产监控管理系统。本书可作为工程技术人员的参考资料或培训教材，也可作为通信、计算机、自动化等专业本科生的教学参考书。

本书在写作过程中参考了部分文献、书籍和相关论文，均列入本书的参考文献。作者在此对这些单位和作者予以感谢，尽管如此仍可能会有所遗漏，敬请原谅。

由于作者水平有限，疏漏和错误之处在所难免，敬请各位同行专家、读者批评指正。本人的电子邮件地址为：163chxl@163.com。

程孝龙　孙斌

序

随着云计算、新一代互联网等信息技术的发展及其在经济社会各个领域的广泛应用，生产和生活过程的智慧化程度越来越高。“智慧城市”（Smart City）作为城市发展的新阶段，已被广大学者和社会公众所认同，且已有切身的感受。如市民卡、校园通、手机挂号、短信群发、手机银行、电子政务等。

“智慧城市”已成为国内外城市发展研究的前沿领域，也得到了各国政府和社会各界的极大关注。一些国家、地区和城市已提出了建设智慧国家、智慧城市的发展战略。新加坡提出了2015年建成“智慧国”的计划，中国台湾地区台北市，提出了建设智慧台北的发展战略。国内的上海、深圳、南京、武汉、成都、杭州、宁波、佛山、昆山等城市，也相继确立了“智慧城市”的发展战略。

随着城市建设的发展，有毒、有害、易燃、易爆等危险源，有明显向城市整体区域扩散的趋势。火灾、爆炸和有毒物质泄漏等重大灾害事故也屡屡发生，严重危及了城市安全。必须把城市重大危险源的控制与管理摆到重要的位置，这也是政府部门和各行业主管部门，提供公众服务和保障公共安全的重要内容。

危险源是指工业生产过程中所需的以及各种生产场所拥有的设施或设备，如罐区、库区、生产场所等对象。这些对象有各种易燃、易爆、有毒物质等危险物，对生产安全和人身安全构成了极大的威胁。它们的特性参数，是重大危险源监控预警系统所要关注的主要参数。将这些参数进行数据采集，转换成计算机所能识别的信号，进行计算机对重大危险源的检测、监视、预警和控制，预防重大事故的发生，实现安全生产的目的。

在可燃气体、危险化学品、固体废弃物、危险设备等行业，实时监测重大危险源和其他高风险场所、装置的运行和管理状况，提高安全监管部门和相关单位的安全生产日常监管、风险管理、预测预警和应急处置能力，有效降低安全生产事故率，并为政府部门掌控城市安全生产总体情况提供服务。

从政府角度分析：

1. 通过本系统能够为各级安监部门，全面、准确、快捷掌握生产企业的实时生产状况。

2. 通过本系统能够帮助各级安监部门，全面掌握所监管的各个生产企业的安全生产情况。如各企业的基本情况、各企业重大危险源的情况、应急预案、生产过程中的规范要求及安全人员的监督状况等，实现企业的安全监管。

3. 通过此系统能够帮助各级安监部门，监管各类重大危险源详细的生产状况及位置分布。

从企业角度分析：

1. 可对各类涉及安全生产重要岗位的人员和操作过程进行监控录像。

2. 对各类涉及安全生产车间、仓库等场所的重要数据（如有毒气体浓度、温度、压力）进行监测，超限时进行报警。

3. 可对安全生产内部管理文件、信息进行网络发放、申报。

4. 可对危险化学品储罐区、仓库等进行监控录像。

5. 通过网络，如计算机、手机，企业管理人员不管身在何处，都可以实现对本企业重点部门的实时现场监控，并可发出相关指令。

提高政府及各行业部门对紧急、突发事件的快速反应和抗风险的能力。建设救援指挥系统，为公众提供更快捷的紧急救助服务，已成为社会一个迫切的课题。积极推进智慧安全防控系统建设，充分利用信息技术，完善和深化“平安城市”工程。深化对社会治安监控动态视频系统的智能化建设和数据的挖掘利用，整合公安监控和社会监控资源，建立基层社会治安综合治理管理信息平台；积极推进市级应急指挥系统、突发公共事件预警信息发布系统、自然灾害和防汛指挥系统、安全生产重点领域防控体系等智慧安防系统建设；完善公共安全应急处置机制，实现多个部门协同应对的综合指挥调度，提高对各类事故、灾害、疫情、案件和突发事件防范和应急处理能力。全面提升对重大突发事件的现场高效指挥调度和处理能力，有利于提高城市运行管理的现代化程度。

浙江大学

倪吾钟 *

2013 年 6 月 30 日

* 倪吾钟，教授，博士生导师，浙江大学环境与资源学院。

目　录

第1章　概　　述

城市是以人为主体，由社会、经济、资源、环境和灾害等要素之间通过相互作用、相互依赖、相互制约所构成的复杂空间地域系统。一方面，城市突发性事故不仅对个人、群体和组织的正常活动构成了巨大威胁，而且使得城市公共安全面临空前的挑战。另一方面，随着城市化进程的加快，大量人口涌入城市，在为城市发展注入活力的同时，也给城市公共安全带来巨大压力。我国公共安全面临严峻挑战，对科技提出重大战略需求。以信息化、智能化、网络化技术应用为先导，发展城市公共安全多功能、一体化应急保障技术，形成科学预测、有效防控与高效应急的公共安全技术体系，是当前非常迫切需要解决的问题。

智慧城市重大危险源安全监控的开发设计应该根据城市智慧安全管理的要求，结合重大危险源安全监控特点与我国城市原有安全生产信息化、标准化管理基础来进行开发设计，使智慧城市重大危险源安全监控达到标准化、信息化、智能化、网络化，使安全生产的管理更好的满足生产、存储、使用重大危险源的企业安全管理需求，并且能够在安全监管、环境保护、消防救援等环节发挥监管预警、救援指挥与决策支持的作用。

1.1　城市安全生产信息化现状

目前我国政府应对城市公共安全，尤其是重大危险源的安全生产和管理方面制定了大量的法律法规，政府与企业也制定有应急救援预案与安全操作规程，政府与企业也花费了大量的精力进行各种安全培训，但在标准化、信息化、智能化、网络化方面仍存在以下问题：

(1) 在安全生产和管理的信息感知方面，虽然在主要危险源点、道路安装了摄像头、消防监测点和环保监测点等监控设备，但仍以各行业分散管理为主，而且监测点较少，不能做到安全信息的全面感知。

(2) 在安全生产和管理的基础设施建设方面，城市信息化建设工作虽然取得了一定的成效，各个部门都有一定的公共安全网络基础，负有直接处置突发事件职责的部门，都建有相应的公共安全应急指挥机构、信息通信系统、防灾设施装备、应急救援队伍，建立了监测预报体系、组织指挥体系和救援救助体系。但是由于公共安全应急信息系统缺乏统一的标准和规范，完备程度参差不齐，条条分割、条块分隔、信息孤岛等现象仍然存在。

(3) 在信息共享方面，信息资源整合力度不够，缺乏有效的信息共享机制。公共安全信息系统基本上是相互割裂的垂直系统，不利于有效的沟通与合作，以及各类信息资源的应急整合。这种分行业、分部门，以“条”为主的垂直系统和单灾种防御体系，在突发事件发生时往往信息不能共享。此外，政府公共安全信息化在应对突发事件时所起的作用仅仅停留在信息发布、数字的报送、灾情的直观展现，以及提供一些人际沟通。也就是说，所起的作用还是“行政”的成分居多，对于支持灾情的控制没有起到实质性的推动作用。

(4) 在安全生产和管理的信息发布系统方面存在着时效性、信息不对称等误区。由于各级政府长期以来缺乏信息公开的主动性和制度性，或把社会突发事件作为“负面消息”或淡化处理，甚至有的下级机关怕追究责任而瞒报。

因此，以“创建平安城市、构建和谐社会”为目标，以智慧安全信息交换平台建设为核心，充分利用并整合社会现有监控资源，选择先进的信息传输技术、智能分析技术和物联网技术等，实现“资源整合、系统联网、授权管理、信息共享”的新时期社会安全综合防控体系十分必要。

1.2 智慧城市安全管理需求

针对城市工业结构性污染、农业污染日益突出，环境基础设施相对滞后等方面存在的安全方面的问题与信息化现状，从全面感知、协同运作、充分整合等方面分析智慧安全应用需求。

(1) 全面感知、可靠传输的需求。

需要在主要重大危险源、消防、特种设备、危险化学品、食品、药品、城市基础设施、环保等涉及安全的领域部署传感器，利用采集的数据实时监控城市的体征情况，做到全面感知，提高城市安全生产、应用和管理的水平。

采集的信息需要选择合适的网络接入方式，以可靠、安全的网络进行数据传输。

(2) 协同运作、统一指挥的需求。

政府各部门子系统互联互通，实现资源共享。充分利用全面感知的数据，各部门共同研究、分析，进行安全防范，制定预警机制。突发事件统一调度、统一指挥，应急联动。

依托智慧安全信息交换平台，完善应急预案体系，完善应急通信、紧急交通运输、医疗救助等应急保障体系，提高救援队伍专业化和装备现代化水平，增强应急救援保障能力。

(3) 充分整合、便于沟通的需求。

利用现有资源，选择先进的传感器技术、信息传输技术、智能分析技术和物联网技术等实现资源整合，加强突发事件信息系统建设。

利用智慧安全信息发布系统，在突发事件发生时及时发布安全信息，便于及时沟通。也充分调动民众的积极性，加强对政府的监督。

通过信息发布系统进行安全教育宣传，强化企业、民众的安全防范和自救意识，普及安全防护技能。

第2章 智慧安全愿景与规划

2.1 愿景设想

通过智慧安全建设打造宜居、安全、绿色的城市和生产关系链，它不仅仅着眼于城市的经济生产总值，更注重城市的安全绿色经济内涵。

(1) 安全生产的可持续化。

依托和共享、高新园区安生产建设经验，分期展开智慧安全项目。

(2) 产业生产生态化。

包括传统产业的绿色化、新兴技术产业的人性化、环保型产业的实体化、组织的知识化，促进城市环境改善和城市生活质量提高的产业发展和调整过程。

(3) 基础设施智能化。

实现将危险源信息、能源、水、安保、交通、通信和环境等基础设施智能化，带来更高的生活品质、更具竞争力的商务环境，而且可以增强工作的透明度和效率，提高城市对紧急事件作出快速响应的速度。

(4) 工作生活绿色化。

构建自然舒适的安全环境、新型社会形态的城市网络、绿色智能的生活环境。以低消耗、资源循环利用和安全生产为基础，改善城市生产过程和人居环境，提高居民的工作生活质量。

2.2 建设进度

基于智慧安全设想，需要在政府相关部门及相关行业协会的指导下，结合安全生产管理信息、安全实时视频监控系统、安全生产重大危险源管理系统、环保监控网络系统、节能减排综合管理分析系统等，并依托各个城市已建的安全生产管理信息资源开展智慧安全建设。

智慧安全建设一般分三阶段进行，最终构建一个安全、生产、环保管理平台，提高安全生产、应用和管理的现代化水平，使得智慧安全决策更加有效、及时、准确。

第一阶段：重点突破。

首先建设重大危险源监控、危化品运输监控、安全用电监控、平安城市监控、特种设备监控 5 大系统，涉及以上 5 大应用的企业和政府部门按责任制分级监督、管理各自的监控平台。

第二阶段：集约整合。

将医疗卫生、公安、交通和环保等相关部门各指挥中心以及应急资源整合，建设统一的指挥中心，具备日常管理、应急值守、资源保障、动态决策、综合调度等功能。对突发的安全事故实现相关部门的协同联动，将安全事故的人员、财产损失减少到最低。

第三阶段：深化推广。

从深度和广度上推进智慧安全的建设，融合共享各政府管理部门及企业的信息化资源。真正做到互联互通，物物相连，协同联动。

第 3 章　智慧安全应用解决方案设计

3.1　智慧安全应用描述

智慧安全是利用传感器技术、RFID 技术、通信技术、数据处理技术、网络技术、自动控制技术、视频检测识别技术、信息发布技术和物联网技术等，保障城市中人、财产、城市生命线和其他重要系统的安全，实现城市安全信息的全面感知、各子系统间协同运作、资源共享，突发事件，应急联动，统一调度、统一指挥。另外，智慧安全涉及社会多个领域，如公共卫生、基础设施、通信、环境、商品供应、社会稳定和灾害防控等。

智慧安全应用解决方案是针对目前我国城市公共安全行业的实际需求，以促进“平安城市、和谐社会”为导向，依托成熟的网络、品牌、产品、服务、渠道和客户资源优势，充分利用现有的有线和无线通信网络，以城市安全应用为核心，以软、硬件基础资源和数据资源为支撑，融合定位能力、M2M 能力、行业短信服务能力、全球眼平台能力、协同通信能力、云计算能力，以及总机服务、手机对讲、门户网站、呼叫中心、安全服务、数据中心与灾备服务、规划咨询、系统集成等产品或服务，为提高城市安全防范水平，完善突发事件预警机制，增强应急救援保障能力的需求，构建服务于社会的应用产品。

3.2　智慧安全应用价值分析

智慧安全应用解决方案以基于云架构的智慧安全信息交换平台为支撑，建立重大事件、事故、灾害的危险源识别与诊断、监测与监控、预测与预防、风险评估与预警、应急反应与指挥决策等方面的融合应用系统。

在方案设计中，应该运用价值工程分析理论，围绕“政府、企业、公众”三个实体对象进行城市公共安全的价值分析。

1. 对政府部门的价值

(1) 利用网络视频监控技术，在重大危险品生产地、隧道桥梁、交通要道、风险单位、要害部门和居民小区等重点区域部署视频摄像头，利用传感器技术，在城市基础设施监测点、重大危险源点、特种设备等安全监测点上加装传感节点，透彻、深入地采集安全信息，帮助政府建立全面的感知网络。

(2) 依托智慧安全信息交换平台，实现各种监控数据的有效汇聚。通过数据的分析、挖掘、共享，使政府职能机构能够实时掌握各监测点的信息，预防安全隐患。面对突发事件，利用统一的城市安全应急指挥中心进行资源调配，应急联动，增强应急救援保障能力。

(3) 通过安全信息发布平台，市民可以及时上传或举报城市中的安全隐患信息，通过查阅突发事件的处理情况，加强对政府的监督。政府可以发布突发事件安全通告和安全宣传，强化市民群众的安全防范和自救意识，普及安全防护技能。

(4) 通过安全信息的汇聚，建立风险管理与控制评价模型。利用风险辨识与风险评估，对城市可能发生的事故灾害和潜在的隐患进行预测，给出发生危险的可能性及其严重程度，控制和减缓风险，降低事故和灾害的后果。

(5) 利用现有资源，加强安全信息化建设，大力拓展智能化应用，帮助政府监管。通过特种设备监控应用，远程实时监控设备的运行状态。通过食品、药品安全监管应用，实现危化产品从出厂、运输、中转、储藏，到使用整个闭环的温度变化，保证安全。通过消防联网监控应用，实时采集各个火灾监测点的信息，结合各类图像信息，实现对城市建筑消防安全状况的全方位感知、全过程监控，提前发现消防隐患，为火灾处置提高依据。通过流动人口管理应用，掌控流动人员的信息，集中统一管理，降低流动人员对社会产生的不稳定、不安全因素，有效降低犯罪率，等等。

2. 对企业的价值

通过政府制定的安全法律、法规，加强企业安全管控，对企业可能的安全隐患实时监测，督促公司做好消防演习、安全教育，预防火灾和突发事件，帮助企业建立安全防范机制，保障企业生产、运营管理安全。

3. 对公众的价值

利用智慧安全的解决方案，加强居民生活的用水、用电、用气、通信、食品、药品和交通等安全，身在外，保障家庭安全。

3.3　智慧安全应用解决方案总体框架设计

智慧安全行业应用总体框架的设计应该考虑政府、企业与公众三大用户的功能需求，总体框架设计如图3-1所示。

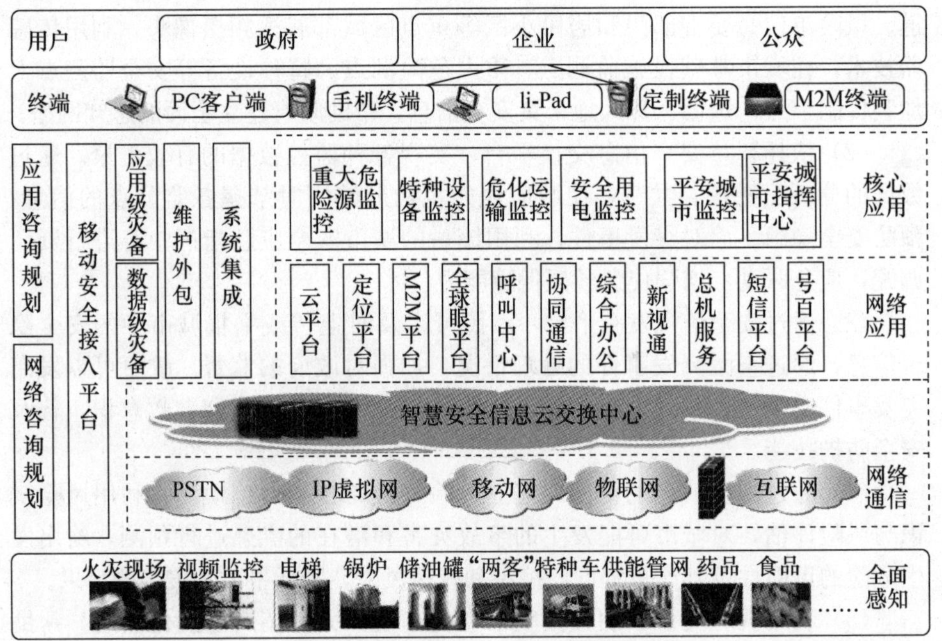

图 3-1　智慧安全应用解决方案的总体框架图

第4章　智慧安全应用——重大危险源安全生产监控解决方案设计开发

4.1　概　　述

通过前三章的介绍，大家已经知道重大危险源安全生产监控系统是智慧城市安全管理中的一个重要组成部分。重大危险源监控信息系统引入了安全生产动态监控的设计和计算机地理信息技术。动态监控管理设计是由计算机监控预警系统、计算机信息管理系统、安全生产监督管理体系三个方面构成，以制度化为载体，以信息化为依托，以自动化为支撑，是与时俱进的制度化、信息化和自动化的系统。

系统将重大危险源管理好、控制住，有效地减少和防止重特大事故的发生，保护人民群众的生命财产安全。为了加强对重大危险源和危险场所的安全管理，防止重特大事故的发生，采用现代化的安全管理思想和计算机信息技术，建立重大危险源监控管理信息系统。具有动态信息管理和空间信息管理的功能，并具有为安全生产管理、决策服务的功能，能够为建立重大危险源监控管理体系提供良好的技术支持。

4.2　服务对象

面向重大危险源生产、存储、使用及经营等企业和各地市、县（区）担负安全生产监督管理的安监、环保、消防及公安等安全管理部门，重点监管煤矿、非煤矿山、危险化学品和烟花爆竹等高危行业的重大危险源。

4.3　核心需求

对于储罐区（储罐）、库区（库）和生产场所三类重大危险源，因监控对象不同，所需要的安全监控预警参数略有不同。主要可分为：

(1) 储罐区（储罐）监控需求。

储罐区监测预警参数主要根据储存介质特性和储罐的结构形式的不同进行选择。

根据对罐区危险及有害因素的分析，罐区的监测预警参数主要有罐内介质的液位、温度、压力，罐区内可燃/有毒气体浓度，明火，环境参数以及音视频信号等。主要的预警和报警指标包括高低液位超限、高温、高压、流量限速、浓度超高、明火源和高风速等。

(2) 库区（库）监控需求。

库区（库）监测预警参数主要根据储存介质特性以及包装物和容器的结构形式的不同进行选择。

根据库区（库）危险及有害因素的分析，其监测预警参数主要有库区室内的温度、湿度、烟气，室内外的可燃/有毒气体浓度，明火，音视频信号以及人员出入情况等。主要的预警和报警指标包括温湿度超限、浓度超高、明火源和烟气等。

(3) 生产场所监控需求。

生产场所监测预警参数主要根据物料特性、工艺条件以及生产设备的结构形式的不同进行选择。

根据生产场所危险及有害因素的分析，其监测预警参数主要有温度、压力、液位、阀位、流量、可燃/有毒气体浓度、明火和音视频信号等。主要的预警和报警指标包括液位和流量超限、温度和压力异常、浓度超高和明火源等。

4.4　技术方案

1. 建设目标

按照“整体设计、分级投入、分级监控、政府与企业共同推进”的建设原则，依托城市政府政务外网构建市—县—企业三级重大危险源监管网络，完成重大危险源监控系统的市、县、企业三级节点建设，依据省重大危险源监控信息系统建设的相关标准规范，督促和指导企业完成自身重大危险源管理节点建设。借助信息网络平台，实现对全市重大危险源动态信息管理和空间信息管理，并为安全生产监管、决策提供服务，为建立全市重大危险源监控管理体系提供良好的技术支持。

工程实施后，能够切实落实城市重大危险源企业的管理主体责任和各级安监、消防部门对重大危险源的监管责任；促进各级安监、消防部门对重大危险源监管由目前以现场检查为主的模式转变为网络视频巡查和现场检查相结合的模式；完善城市重大危险源事故报警和应急处置程序，并为重大危险源事故调查提供依据支持，同时进一步加强各级安监、消防部门对重大危险源综合信息的管理分析能力和事故预防能力。

2. 技术框架

综合应用计算机技术、网络技术、地理信息系统（Web GIS）、中间件技术、嵌入式技术等信息化技术，建立网络化的监控软、硬件平台，逐步建成省级—市—区（县）—企业 4 级监控网络，实现本辖区内的重大危险源监控目标的动态监控，掌握监控目标的空间分布和运行状况信息；并实现监测数据的接入和上报；实现隐患分析和风险评价等。系统整体框架如图 4-1 所示。

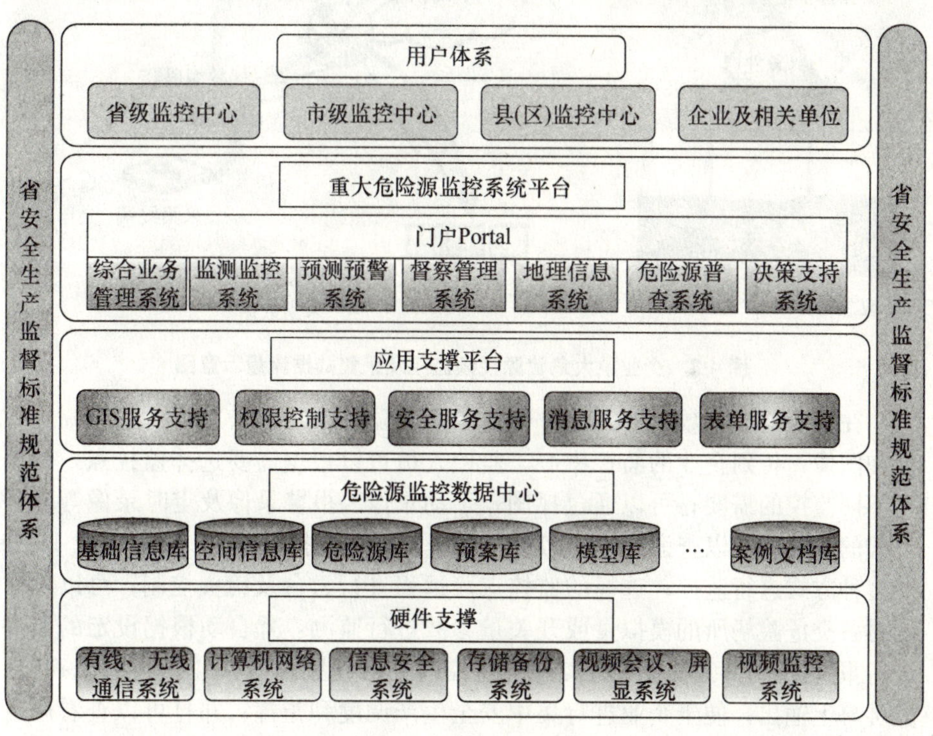

图 4-1　系统整体框架

3. 功能设计

系统功能分为主要功能与辅助功能。功能设计时应该首先满足主要功能，并且尽可能的满足辅助功能。在功能设计时除了应该满足国家的法律、法规与标准要求外，还应该与企业及相关管理部门充分讨论确定功能需求。一般来说，主要功能的设计如下：

（1）实时图像和数据采集及监测监控功能。

各级监管企业网络通过全球眼视频监控平台的 VPN 光纤通道，经由防火墙统一汇聚到各级安全生产监督管理局局域网的核心交换机上。企业重大危险源视频监控及采集数据流量示意图，如图 4-2 所示。

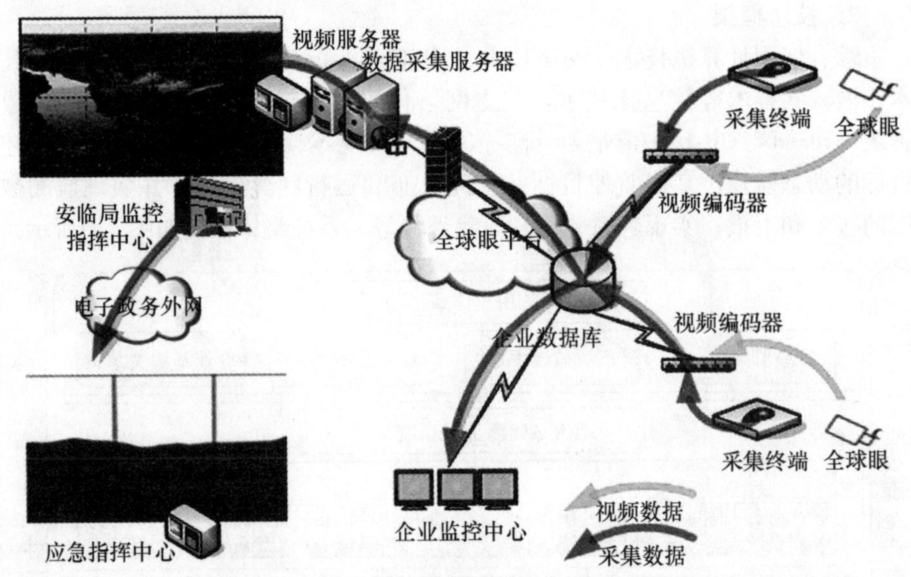

图 4-2　企业重大危险源视频监控及采集数据流量示意图

在企业前端，数据采集设备和图像采集设备不断的采集重大危险源的数据和图像，传到企业的监控中心。监控人员可以根据需要选择监控点，以满足不同监控的需要；可以通过抓图、手动录像、报警录像及定时录像等多种方式的录像；可以查询检索、回放录像资料；可选择全屏、4 分屏以及 16 分屏多种方式进行监控；选择的监控点可远程进行云台及镜头控制；可以实时的对各类危险场所的模拟量或开关量参数进行监测，并自动根据设定的条件进行报警提示；可以方便地实现所监控的场所视频信号快速切换到电视墙、大屏幕上输出，便于企业进行集中安全生产调度和指挥；并且可以查看厂区平面示意图、厂区消防物资分布、反应装置简图和处警方法等。

（2）异常情况自动预警及信息自动上传功能。

计算机会把监控端传来的数据不断的和计算机重大危险源信息库里面的相关特性数据进行比对，当监控计算机发现采集到的数据超出安全范围时，则监控计算机在监控中心自动发出警报，并且在保存数据和图像到监控计算机中的同时，自动把即时数据和视频发往县级安监局（该企业的直管安监局）监控中心，以便为事故调查和安监局执法过程提供有力的原始证据。发出警报的方式包括声、光、电、软件和短信提醒等。

4.5　重大危险源定义

根据《安全生产法》第 7 章附则中第 96 条规定，重大危险源是指长期地或者临时地生产、搬运、使用或者储存危险物品，且危险物品的数量等于或者超过临界量的单元（包括场所和设施）。重大危险源分为生产场所重大危险源和储存区重大危险源两种。两种重大危险源的确定方法在 2000 年 9 月 17 日国家质量技术监督局发布的中华人民共和国标准（GB 18218）“重大危险源辨识”中作了具体规定。

4.6　系统现状分析

各个城市政府都十分重视信息化建设工作，相关部门在对信息资源分析、规划的基础上，目前都在逐步进行开发和利用，安全生产信息系统建设已经取得了初步成效。

从目前情况来看，城市各个县（区）安监、消防部门的信息化建设情况不一，差别较大。多数市县安监机构组建不久，经费投入较少，尚处于起步阶段。一部分市县安监部门已经初步组建了本地局域网，建立了一些基础性的资源数据库和应用系统（包括政务外网的接入、门户网站的建设、OA 系统的应用、部分业务基础数据库的建立等）。但仍有不少安监部门的业务处理还停留在手工或单机上，信息化建设基本处于空白阶段，使得网络节点无法覆盖全省所有的安全生产监管机构。

第5章 重大危险源安全监控系统需求分析

5.1 需求概述

城市重大危险源监控信息系统的建设应以相关法律法规为依据，综合体现市、县各级安全监管综合管理职能；实现与省安全生产信息系统一期工程重大危险源申报登记系统相对接；实现全市重大危险源企业基础信息管理；实现与GIS系统数据叠加、重大危险源地理信息定位等功能；实现系统的信息发布功能；实现用户单点登入功能；同时预留市安全生产应急救援指挥中心的相关接口。

各级安监部门可通过网上巡查系统远程查看企业的现场视频与数据，调取企业端历史数据与图像资料，掌握管辖范围内重大危险源企业的历史与实时数据。通过视频、电子地图与数据叠加等方式，以直观的画面展现在安监局各监控终端。

重大危险源单位根据国家和省相关规定建立监控系统，企业对重大危险源的监控是全省重大危险源监控体系的基础，中心应实现重大危险源相关信息采集，设置安全报警范围，提供多种报警方式。当企业监控主机发现采集到的数据超出安全范围时，系统应及时通知企业相关人员，并由企业负责对异常事件进行应急处置。企业监控中心应实现与监管部门节点互连互通。

5.2 标准规范编制

为确保全市重大危险源监控信息系统建设工程合理规划、科学实施，保障市、县、企业之间的网络互联互通和数据共享，在完成招标工作后，项目中标单位应率先完成市重大危险源监控信息系统相关标准及规范的调研、编制和发布工作，指导和推动各级开展市重大危险源监控系统平台的建设。

由于市重大危险源监控系统平台面向全市不同类型的重大危险源企业，根据城市智慧安全——重大危险源监控系统的总体设计思路，在系统平台建设时需要考虑各企业监控中心的兼容性问题。本着确定规范、开放平台的思路，在市级监控中心和相关试点单位建设开展前，编制和发布监控平台相关技术与管理规范、平台的接口标准等内容，同时在市重大危险源监控系统应用软件开发、部分企业试点前设计编制完成。

规范应包括：

(1) 中心节点基础平台、监控中心建设技术规范。

(2) 二、三级节点基础平台、监控中心建设技术规范。

(3) 企业监控中心建设技术规范。

(4) 监控系统企业前置接口技术规范。

(5) 各级节点监控中心管理规范。

为保证市重大危险源监控系统平台建设能够统一标准、统一接口与统一规范，二、三级节点应用系统由市安监、消防局统一开发、统一部署。

1. 各级节点（政府端）基础平台、监控中心建设技术规范

该部分规范编制应包括但不限于以下内容：

(1) 机房建设要求。

①基础要求：场所、面积要求；

②供电要求；

③防雷、接地要求；

④环境要求；

⑤机房地面要求；

⑥消防要求；

⑦强弱电布置及标示要求；

⑧机柜要求。

(2) 硬件基础平台建设要求。

①网络接入要求；

②服务器运算能力要求；

③存储策略及容量要求；

④网络安全设计要求。

(3) 监控中心建设要求。

①显示系统要求；

②会议音响系统要求；

③视频会商系统要求；

④现场调度系统要求。

(4) 视频、语音、数据传输规范。

①视频编码与传输；

②语音编码与传输；

③数据编码与传输。

(5) 子网划分与 IP 地址规划。

①中心节点地址规划；

②二、三级节点地址规划；

③企业端地址规划。

2. 各级节点（政府端）监控中心管理规范

该部分规范编制应包括但不限于以下内容：

(1) 人员编制及职责规范。

(2) 管理制度规范。

(3) 事故报警及处理规范。

(4) 工作日志规范。

(5) 文档管理规范。

3. 企业端监控系统技术规范

该部分规范编制应包括但不限于以下内容：

(1) 数字图像编码设备主机要求。

①图像监视要求；

②图像控制要求；

③生产数据监视要求；

④图像及生产数据存储、备份及回放要求；

⑤报警系统要求；

⑥联网和管理要求；

⑦扩充和升级要求。

(2) 监控前端设备要求。

①前端监控设备（摄像机）技术要求；

②立杆（铁塔）、电源、机箱技术要求；

③气候环境适应性要求。

(3) 图像及生产数据传输要求。

①传输网络传输能力要求；

②传输图像格式、分辨率、网络协议要求；

③传输网络线缆铺设要求。

（4）基础环境要求。

①供电要求；

②防雷、接地要求；

③温湿度要求；

④标示要求。

5.3　系统设计原则

（1）实用性。

以实际应用需求为核心，保证系统功能有实际应用价值。系统应实现用户可接受的监控功能和工作模式，具有良好的人机接口与灵活多样的展现方式。

（2）平台化。

鉴于重大危险源监控系统业务的复杂性和突发性，系统应针对不同的应用对象，建立专门应用平台与工具，使其具备足够的灵活性与扩展能力。系统应能够根据应用需求，具备支持多种组件模块、多种数据接口的能力，适应技术升级、设备更新，支持业务功能扩展与重构。

（3）安全可靠。

应用系统安全性与可靠性是至关重要的，应充分考虑到系统的安全防护与冗余措施，提供较强的管理机制和控制手段，包括系统备份、数据恢复、事件监控和网络安全保密等技术措施。

（4）平战结合。

应用系统功能设计应兼顾日常监管、报警处置和应急救援指挥的多重需要，实现平战结合。

（5）整体考虑。

系统应从横纵两个方向考虑应用系统建设的架构与功能，横向与已有系统（重大危险源管理信息系统、应急救援系统和门户网站等）的数据交换，纵向与各级安监部门的数据交换、信息共享与互联互通。

（6）开放扩展。

系统应基于业界开放式标准，对系统中的技术规范、网络协议、数据接口和指标体系等进行统一规划，为系统扩展奠定基础。系统必须是构件化、面向对象，可灵活扩展，应充分考虑到系统纵向和横向的平滑扩张能力。

(7) 开发标准。

系统架构：B/S 方式。

服务器操作系统：PC 服务器选用 Windows Server 2003/Linux 操作系统；应用服务器中间件：WebLogic、Tomcat 和 WebSphere 等。

数据库：Oracle 10G。

GIS 软件：ESRI 的 ArcSDE。

地图规范：全省 1∶250 000，市县 1∶50 000。

视频编解码支持：MPEG-2/MPEG-4，H.263/H.264。

客户端：支持 Windows XP/Vista 操作系统，IE6/IE7/Firefox 浏览器。

系统采用技术如表 5-1 所示。

表 5-1　系统采用技术一览表

技术路线	基于 J2EE 平台
系统平台	Windows 2003 企业中文版 Oracle 10i 企业版 BEA WebLogic J2EE
开发工具	My Eclipse 5.0 Eclipse 3.2 JDK 6.0 PhotoShop CorelDraw Flash ArcGis
开发语言	Java XML/XSL JavaScript

5.4　视频编码及监控需求分析

视频信息来自生产经营单位重大危险源监控中心的实时或存档视频数据，根据视频图像在网络上传输的标准以及图像清晰度，正常活动图像，帧数为 25 帧/秒的情况下，根据不同的分辨率要求，带宽占用如表 5-2 所示。

表 5-2　带宽占用

图像分辨率	图像质量	压缩码率	传输带宽
CIF 352×288	最好	512Kbps	540Kbps
	较好	384Kbps	400Kbps
	普通	256Kbps	280Kbps
2CIF 352×576	最好	1.2Mbps	1.3Mbps
	较好	768Kbps	780Kbps
	普通	512Kbps	540Kbps
4CIF 704×576	最好	2Mbps	2.2～2.3Mbps
	较好	1.75Mbps	1.9Mbps
	普通	1.5Mbps	1.7Mbps

因此，根据不同的需求，所需的传输带宽也各不相同，开发商可根据实际在线监控点数量及可用网络带宽实现动态调整，以使监控系统平台达到最大网络带宽利用率及多点监控的图像效果。最低情况下，单点巡查图像分辨率应不低于 2CIF/1.2Mbps 压缩码率；多点巡查图像分辨率在 1—4 分屏的情况下应不低于 2CIF/768K 压缩码率，在 8—16 分屏的情况下应不低于 CIF/512K 压缩码率。

5.5　监控系统网络架构

根据城市安监、消防局安全信息系统建设现状，参照国家电子政务网建设规范，确定市重大危险源监控信息系统网络架构如下：

（1）基于市政府电子政务外网构建市局政务外网。

通过市政府电子政务外网的公共服务专网（VPN1）与 Internet 互联，提供市安全生产监督管理局各类对外应用服务，为工作人员获取信息、沟通联络和服务社会提供便捷条件，主要用于全市重大危险源企业申报登记和对外信息发布。

（2）基于市政府政务外网构建重大危险源监管专网。

通过市政府电子政务外网的资源共享专网（VPN2）与二、三级节点（市、县）相连，作为重大危险源监控系统的纵向监管专网。主要用于各级安监、消防部门的数据传输与信息共享。

（3）基于网络运营商的数据传输 VPN 专网。

重大危险源监管专网的纵向广域网采用两种连接方式互为冗余：一是基

于市政府电子政务外网的链路资源和MPLS-VPN功能，建设市安全生产资源专网，市、县（区）、企业三级节点虚拟专用网络（VPN）作为各级安监、消防部门主用链路；二是采用IPSEC-VPN技术建立基于互联网的加密隧道，组建虚拟专用网络传输重大危险源监控企业的视频图像与实时监测数据等相关信息。当监管专网出现故障时，由基于互联网的VPN专网实现各级安监部门的数据传输。

网络架构拓扑如图5-1所示。

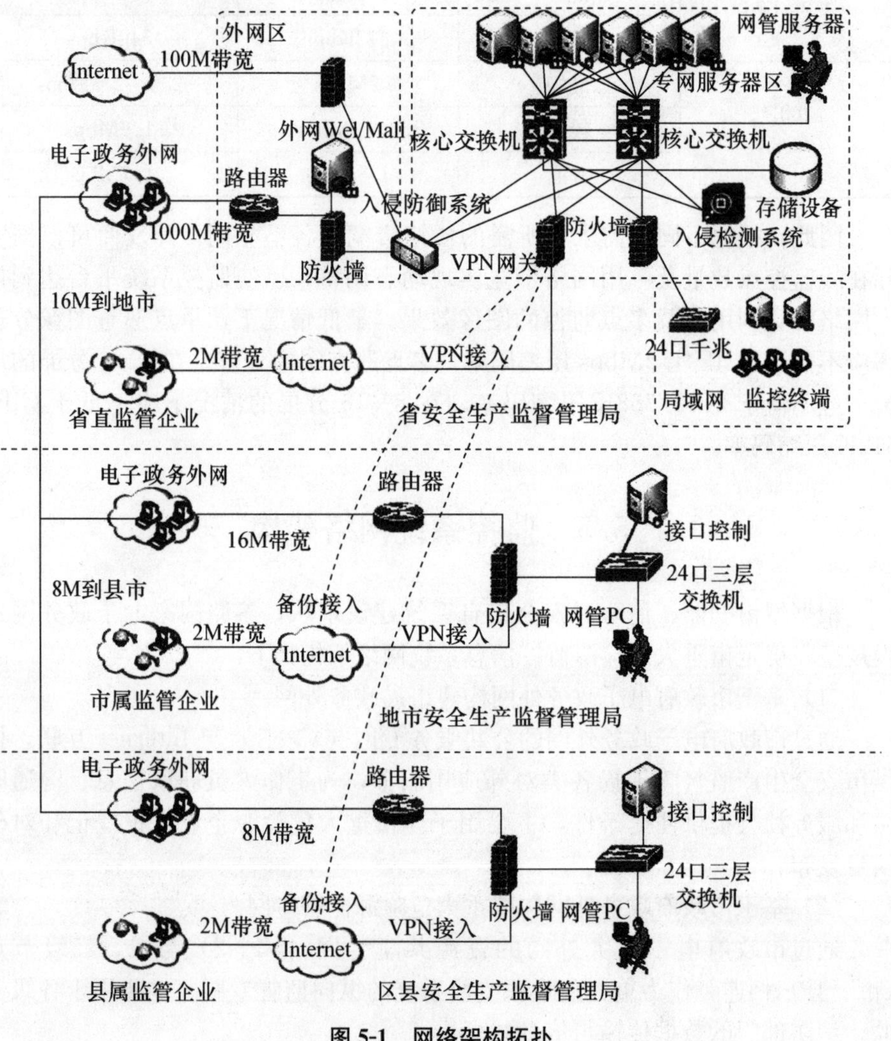

图5-1　网络架构拓扑

涉及各危险源的视频及数据属于内部信息，相关数据必须通过专网或者VPN专网的方式接入以保证信息传输的安全性。

5.6　中心节点监控端建设（市局）

市局重大危险源监控端的建设从实用原则出发，考虑到场地制约、技术更新等因素，在本期建设中，采用业务处室工作人员兼顾重大危险源监控管理的工作方式，处室人员在桌面可随时查看重大危险源实时图像和监控数据。

在相关监控终端安装超薄液晶电视屏，后端连接 PC 主机，通过网络将重大危险源实时图像和参数展现出来，工作人员可通过液晶电视屏进行全市重大危险源日常视频巡检，并实现对报警信息进行查阅、统计处理等功能。当事故发生时，为事故处理提供决策支持，实现应急可视调度以及事故调查阶段相关资料调取等功能。今后待办公场地、人员配备等条件成熟后建设单独的监控中心，并与应急指挥系统、视频会商系统相对接。

市局中心节点服务器配置如表 5-3 所示。

表 5-3　市局中心节点服务器配置

功能服务器	数量	描　述
数据库服务器	1	双机热备，用于安全生产信息系统数据库服务
GIS 应用服务器	1	部署 Arc GIS 系统，用于地图服务
应用服务器	2	部署本项目的相关应用软件
视频接口服务器	1	用于提供市局监控中心视频输入输出控制服务
接口控制服务器	1	用于监控系统数据采集与访问、远端设备控制
数据库接口服务器	1	用于视频、数据统一存储接口控制
视频存储阵列	1	用于存储重大危险源现场视频数据
防病毒服务器	1	负责全网防病毒软件的升级和补丁分发等
安全认证服务器	1	用于网络接入安全认证服务（CA）
网管服务器	1	用于安装安全生产资源专网网络管理软件
光纤交换机	2	用于为 SAN 区域内服务器、磁盘阵列提供光纤通道
磁盘阵列	1	用于存储安全生产信息系统相关业务数据
虚拟带库	1	用于业务数据备份

5.7　二、三级节点网络建设（市、县）

由于大部分市县安监部门信息化建设起步较晚，局域网建设许多还处于空白，无法实现重大危险源数据的监控和调用处理。因此，首先将对全省 11 个二级节点（市级）及部分三级节点（县级）下发部分网络设备。由于经费原因，剩余节点将由各方逐步完成投资建设。

二级节点（市级）网络架构如图 5-2 所示。

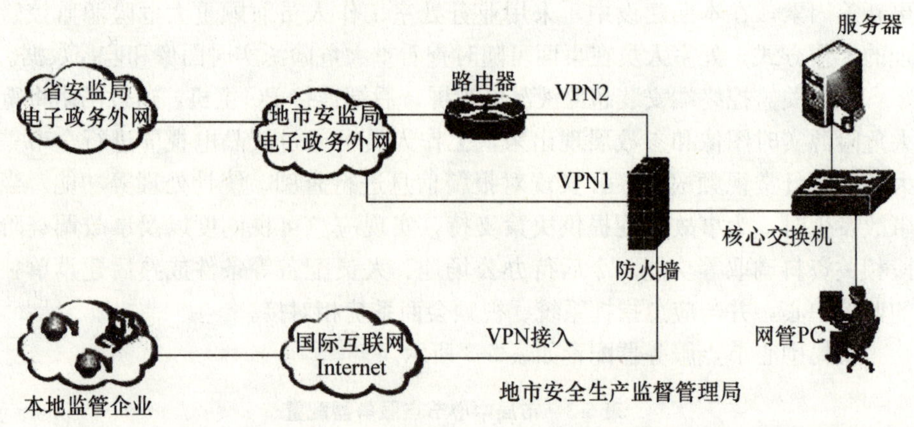

图 5-2　二级节点（市级）网络架构

在市局与省电子政务网络出口处配置一台支持 MPLS 的路由设备，通过路由器与所属地市政府的电子政务网进行连接。配置一台交换机来组建二级节点重大危险源监控网络。配置一台服务器部署重大危险源监控系统应用软件和数据存储。市属重大危险源企业的视频数据通过互联网与市局传输。

三级节点网络架构如图 5-3 所示。

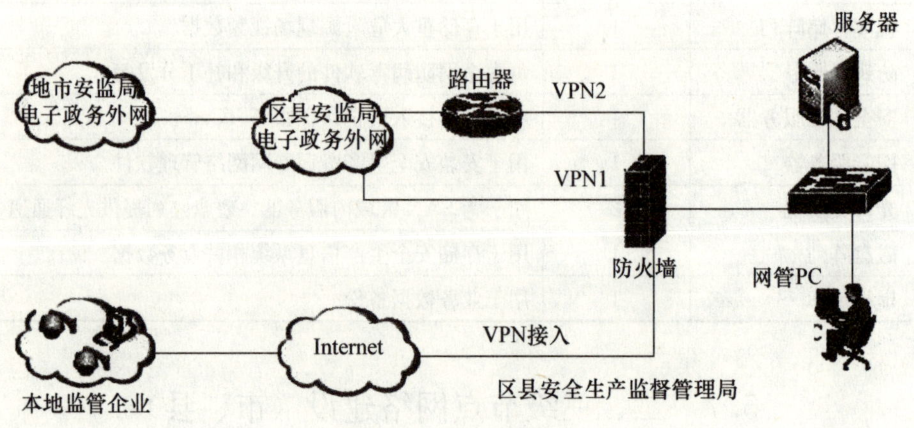

图 5-3　三级节点网络架构

在县局与市电子政务网络出口处配置一台支持 MPLS 的路由设备，通过路由器与所属区县政府的电子政务网进行连接。配置一台交换机来组建三级节点重大危险源监控网络。配置一台服务器部署重大危险源监控系统应用软件和数据存储。市属重大危险源企业的视频数据通过因特网与市局传输。

二、三级节点通过省政府电子政务外网与省安监局进行连接，用以实现省、市、县三级安监机构的网络互通互联工作。

5.8　网络传输设计

1. 省、市、县互连

省、市、县三级网络基于省电子政务外网进行连接。各地市县安监、消防局配置支持 MPLS 功能的路由设备接入属地电子政务外网。二、三级节点通过政府电子政务外网访问重大危险源监控系统平台。

2. 企业接入

重大危险源相关企业租用 ISP 运营商互联网宽带线路与省重大危险源监控系统平台中心节点进行连接，省、市、县各级监管部门通过互联网与相关企业实现视频及数据传输。按照属地管理的原则，省安监局可以调取全省所有重大危险源企业监控信息；市安监局可以调取本市重大危险源监管企业监控信息；县安监局可调取当地县管企业重大危险源企业监控信息。

3. 带宽要求

市局中心端租用两条具备 8 个以上固定 IP 地址的 100M 宽带线路（电信/网通）作为监管企业接入。企业可根据实际情况自主选择 ISP 运营商，原则上企业接入带宽应不低于 2M。

5.9　政府端应用系统建设

市重大危险源监控信息系统平台通过采集相关企业现场视频和参数数据监控安全生产情况。如果安监局工作人员需要查看企业现场，可通过应用系统将企业实时或历史图像、参数数据以直观的画面展现在监控屏幕，达到远程实时监管企业现场生产情况，同时重大危险源监控应用系统必须和 GIS 地理信息系统进行无缝集成，并与重大危险源申报管理系统有效融合。

总体功能要求：

(1) 系统要求实现在 GIS（地理信息系统）平台上的监控点快速查询，点击地图即可调出现场的实时监控信号（图像及参数），实现视频监控与 GIS 平台的集成，满足现场巡查和应急救援的需要。

(2) 系统能够和重大危险源申报管理系统、应急救援系统集成，实现信息共享和应急联动。

(3) 系统要求和地理信息系统无缝集成，有报警时应在电子地图上自动定位。

(4) 可通过网络远程访问企业视频监控点（要求具备云台远程控制功能）。

(5) 对巡查或报警发现的异常情况，系统能够自动记录保存现场信号。

(6) 能够在企业端出现异常情况及系统预警时，自动定位发生异常情况的企业，并自动存储相关视频及监测数据。

(7) 系统能够实时监测相关企业重大危险源监控系统及设备的工作状况，在监测预警设备发生异常情况时（网络中断、非正常关机、系统故障等）能够自动存储到中心节点数据库。

(8) 系统能够和企业监控平台对接，实现多级联动监测预警。

(9) 系统能够实现视频图像、参数数据、企业相关信息的叠加显示。

(10) 系统能够实现各级安监部门对辖区内重大危险源单位日常巡查与行政执法情况的记录、统计与分析。

根据以上总体功能，重大危险源监控应用系统可由以下三大功能块构成：

(1) 基础支撑模块。包括 GIS 支撑平台和数据共享与交换系统，整个应用系统在基础支撑系统的支撑下，能够实现基于地理信息的重大危险源监控以及和重大危险源辨识、分级系统的有效整合。

(2) 基本功能模块。包括视频和参数的采集、传输、存储、回放以及一些设备管理控制的相关基本功能。

(3) 行政管理功能模块。一些专门为安监部门定制的业务功能，包括远程巡查、监测报警、事故应急处理、事故后处理。这些业务功能都需要调用基本功能模块，基本功能模块同时也是行政管理功能模块的有效支撑。

政府端重大危险源监控应用系统的功能构成如图 5-4 所示。

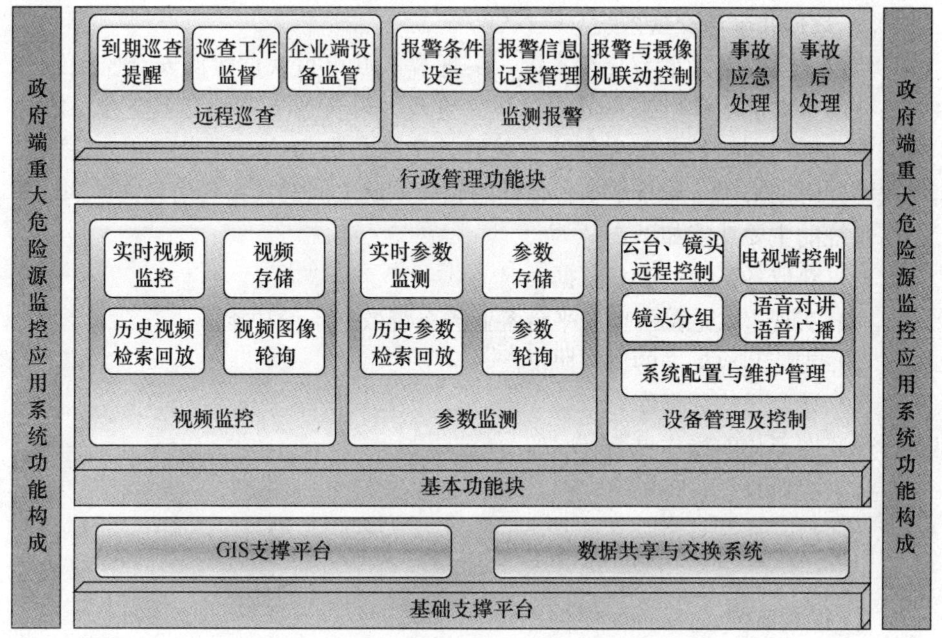

图 5-4　政府端重大危险源监控应用系统的功能构成图

5.9.1　基础支撑模块

1. GIS 支撑平台

GIS 支撑平台能够将全省的地理信息和数据信息电子化，为工作人员提供直观的图形显示。在 GIS 地图上能够实现企业、政府机构定位、应急资源分布信息管理、危险源分布信息管理、实时点击调阅重大危险源监控点图像及数据等，为重大危险源监控以及事故应急救援工作提供强大的辅助支持。

矢量化电子地图至少要全面精确地表示出以下内容：

（1）重大危险源分布情况；

（2）主要道路分布情况；

（3）主要建筑物和社区分布情况；

（4）重要防护目标分布情况；

（5）主要应急资源分布情况；

（6）应急力量分布情况。

基于 GIS 的安全生产监管决策分析功能开发应实现基于不同图层的各行业企业安全生产情况图形化分析，能够帮助用户直观清楚地了解不同企业的安全生产状况。

2. 数据共享与交换系统

建设一套数据共享与交换系统，实现智慧城市重大危险源安全监控系统与已有的重大危险源申报和危险化学品行政许可管理等系统有效整合，解决全省安监部门之间各类重大危险源数据的交换共享与信息同步问题，特别是解决不同时期采用不同技术平台建设的相关系统之间的接口与信息同步问题。

系统的主要功能如下：

(1) 获取各系统的业务数据。

(2) 实现重大危险源监控平台各业务系统数据备份功能。

(3) 支持开放标准的访问协议。

(4) 兼容异构数据库。

(5) 图形化的操作界面。

(6) 提供日志管理。

5.9.2 基本功能模块

1. 视频监控

(1) 实时视频监控。

能够远程接入企业监控主机，实时调阅企业现场摄像机采集的视频信号，能够支持多路视频同屏显示，并且能够方便地切换任一路指定的视频信号。

(2) 视频存储。

能够根据工作需要，对企业现场的任一路视频信号进行存储，同时可支持图像抓拍并存储，存储方式及时间可以灵活设置。

(3) 历史视频检索、回放。

能够根据工作需要，对存储的历史视频进行检索和回放。

(4) 视频图像轮询。

能够根据设定的轮询周期，对各个重大危险源的视频图像进行自动轮询切换显示，方便日常监管。

2. 参数监测

(1) 实时参数监测。

能够远程接入企业监控主机，实时查看企业现场信号采集设备采集的参数数据。

(2) 参数存储。

能够根据工作需要，对企业现场的任一路参数数据进行存储，存储方式及时间可以灵活设置。

(3) 历史参数检索、回放。

能够根据工作需要，对存储的历史参数进行检索和回放。

（4）参数轮询。

能够根据设定的轮询周期，对各个重大危险源的每一路参数数据进行自动轮询切换显示，方便日常监管。

3. 设备控制

（1）云台、镜头远程控制。

能够远程操作，控制企业现场的摄像头，并进行云台远程控制，灵活的对现场视频点进行定位和聚焦。

（2）电视墙控制。

能够将接入的现场视频信号按照要求的模式和方式输出到电视墙或其他显示设备上，并能够对显示的信号顺序进行自由的切换和控制。

（3）镜头分组。

能够使用户根据视频监控摄像机的实际用途进行分组，从而能够让用户方便地找到相应镜头，也比较好进行用户对相关镜头的权限设置。

（4）语音对讲、语音广播。

能够实现政府监测中心和企业现场的语音双向对讲及语音广播，便于政府对企业进行工作沟通和调度。

（5）系统配置与维护管理。

能够实现用户在线状态监测、用户名密码管理、用户操作权限管理、报警条件设置、远程诊断维护；同时能够远程设置企业信号接入的各类基础参数。

5.9.3　行政管理功能模块

1. 远程巡查

通过调用基本功能块中的视频、参数数据的监测、存储等功能，达到通过网络随时进行重大危险源安全状况的日常远程巡查工作，并能做到对巡查工作的提醒、监督功能。

远程巡查功能包括以下子功能：

（1）到期巡查提醒。

根据设定的巡查周期，系统可以自动提醒相关工作人员需要进行某企业的巡查。

（2）巡查工作监督。

巡查的工作情况记录在系统内，上级单位、上级管理人员能够通过系统检查巡查工作的开展情况。

(3) 企业端设备监管。

要求实现对企业的监控主机设备、摄像机和传感器等关键设备的日常运行状态进行自动检查，对设备故障或处于非正常状态等情况能够自动提醒并记录保存，便于政府及时对企业进行监督管理，使企业自身的重大危险源监控系统始终处于良好的运行状态。

2. 监测报警

要求根据预先设定的报警条件，实现企业监控室和政府监控中心的联动报警功能（支持自动声光报警、自动语音多媒体报警、手机短信群发报警等多种报警形式）。报警时，自动显示事故现场的视频图像和参数数据，并自动存储、记录事故相关信息。

重大危险源的监控、报警按照“属地管理、分级负责”的原则进行，正常情况下，省、市、县各级安监局各自管理辖区内的重大危险源。对于有可能发生特别重大事故、特大事故的重大危险源报警处理，允许省、市级安监部门直接跨级管理。

报警及管理的层级示意图如图 5-5 所示。

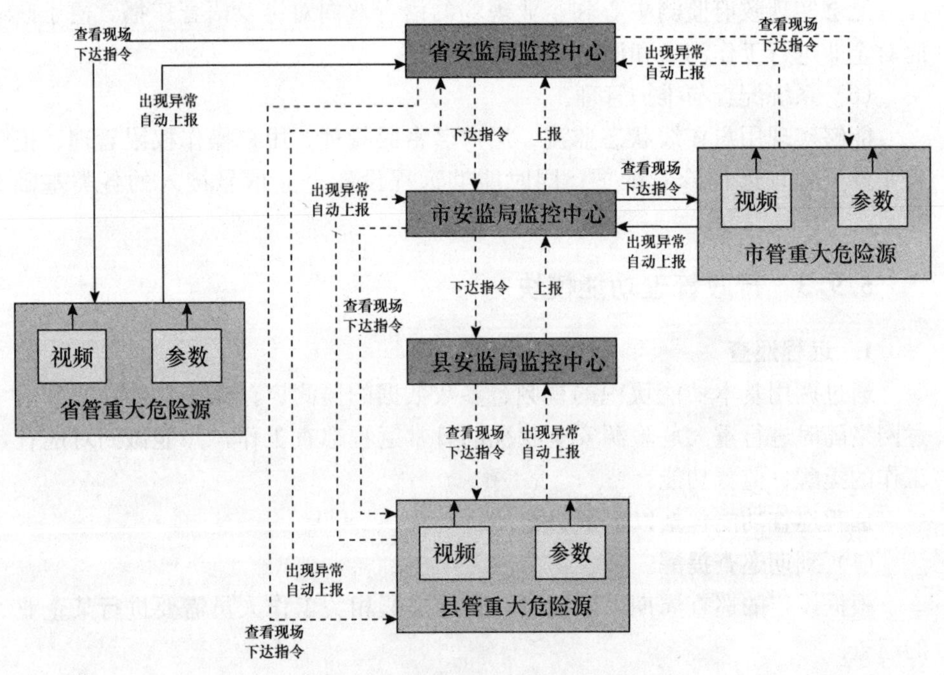

图 5-5　报警及管理的层级示意图

监测报警的数据流程图如图 5-6 所示。

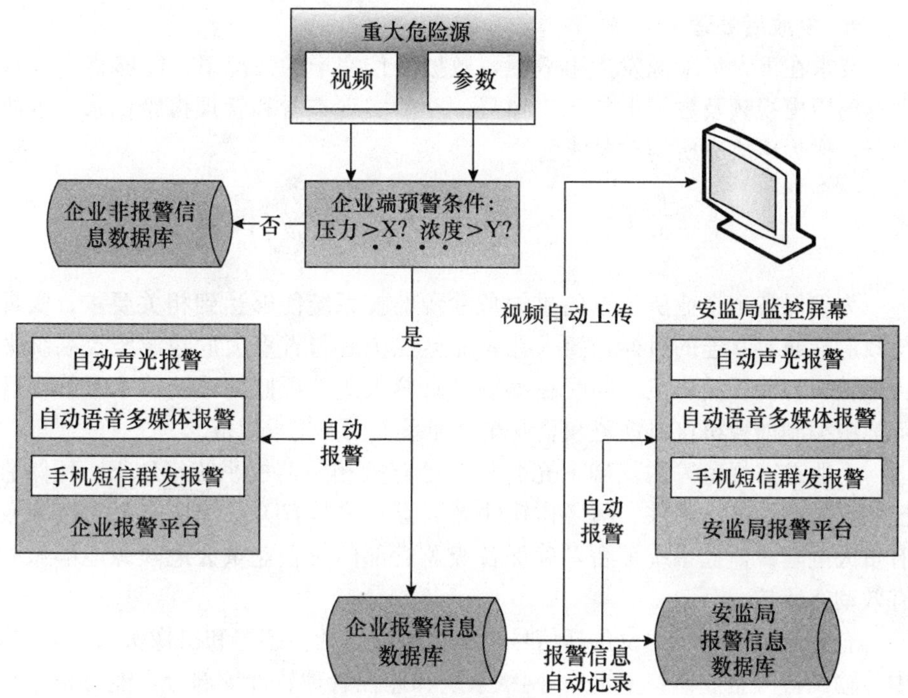

图 5-6　监测报警的数据流程图

监测预警包括以下子功能：

（1）报警条件设定。

可以根据重大危险源的生产特征，设定各传感器的参数数据和预警条件。

（2）报警与摄像机联动控制。

当企业现场采集的参数数据达到报警响应条件时，能够自动将企业现场的视频信号强制上传到对应的政府监测中心端，并能够自动在政府端的重大危险源监控信息系统上跳出软件界面，对报警的现场自动定位。

（3）报警信息记录管理。

能够实现各级安监部门对各自辖区内的重大危险源报警信息进行记录和管理，包括对上报的报警记录、事故报告单的查看、查询、统计等功能，为监管重大危险源提供信息支持。可查看该企业已经报告上来的报警记录和填写完成的事故报告单。

3. 事故应急处理

要求在重大危险源发生事故（火灾、爆炸、有毒气体泄露等）的情况下，能够在基本功能块的支撑下实现政府端监测中心的联动报警，并自动显示事故现场的视频图像和参数数据，并自动存储相关数据。

4. 事故后处理

要求在重大危险源发生事故后，救援工作完毕的情况下，能够将企业端保存的历史视频及数据上传到安监局，并能实现查看和管理报警记录、事故记录，作为事故分析的重要依据。

5.10 企业端监控系统设计

为确保各个企业所建设的重大危险源监控系统能够达到相关要求，实现与政府端兼容互连的目标，要求在企业监控中心与省重大危险源监控系统平台配置一台前置接口机，同时在编制《省重大危险源监控系统技术及管理规范》中编制前置机接口规范和企业端监控系统相关技术规范。

企业在《规范》的基础上充分整合已有的相关监控系统（DCS、环保监控和安防监控等）硬件、网络和软件等资源，按照有关系统功能要求接入政府重大危险源监控系统平台，确保各级监管部门对企业重大危险源能够做到有效动态监控。

企业端监控系统建设包括信号采集设备（包括传感器和摄像头）、信号集中传输设备（企业监控主机）、网络系统和监控管理软件等部分，能够根据企业的实际情况，实现多级监控体系的建立，能够通过前置接口的方式和各级政府监控中心端进行连接。

企业端监控系统基本框架设计如图 5-7 所示。

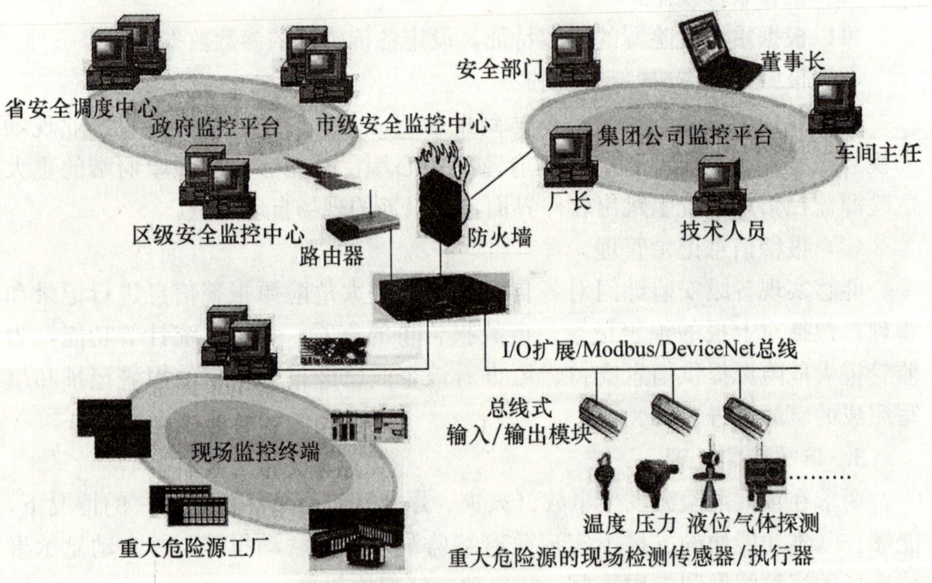

图 5-7 企业端监控系统基本框架设计

1. 信号采集设备建设

信号采集系统主要包括传感器和摄像头，用于采集企业重大危险源的数字视频数据和模拟量进行数据采集以及一些由传感器采集的模拟数据（被监控区域的温度、湿度和压强等）。设备部署的位置优先选择储罐区（储罐）、库区（库）、生产场所三类重大危险源，其他监控场所可视企业自身安全生产情况而定。

摄像头和传感器等设备选型、线路铺设规范、设备安装规范、报警范围设置等内容以《省重大危险源监控系统技术及管理规范》标准执行。

2. 信号集中传输设备

信号集中传输设备即企业监控主机，通过监控主机实现监控设备的高集成性，将视频监控、参数监测、联动报警和通信传输等众多不同领域的技术集成到一套系统之中。

3. 视频监控功能

设备可以根据企业现场安全生产监控需求进行二次开发或根据企业的特殊需求进行功能定制。

产品要实现监视设备的高集成性，可将视频监控、参数监测和联动报警进行集中传输。

设备要求采用 MPEG4 或 H.264 的图像压缩标准，图像分辨率支持 QCIF、CIF 和 D1 格式。监控主机必须高度集成，一台设备至少同时支持 1，2，4 路摄像机和 8 路传感器接入，能够根据现场需要灵活配置设备型号。

设备要支持语音及广播功能。音频输入方式支持线性输入和麦克风输入，可实现语音对讲功能，语音清晰稳定。

设备要支持数字矩阵切换功能，可外接键盘控制。支持服务器转发功能，支持双码流功能。

设备必须支持通过前置接口与各级安监部门监控中心进行数据传输，并能够支持事故报警信息的强制上报和联动报警。

4. 网络系统建设

企业端根据实际情况，申请 2M 因特网宽带线路与上级安全生产监管部门进行连接，上传视频和实时监测数据。

5. 监控管理软件建设

监控软件部分主要分为视频监控和参数监测两个部分。

视频监控编码标准为 MPEG4/H.264，可实现多画面监视，支持多用户访问及用户分级。

第 6 章　软件设计

6.1　软件系统平台架构的选择

系统作为省安监、消防局对全市重大危险源的日常管理平台，涉及省、市、县三级安监、消防部门。系统要求能集成 GIS（地理信息系统），功能点要求涵盖重大危险源信息管理、企业端监测监控与报警、安监局端网上巡查、重大事件应急救援指挥、重大危险源日常管理统计分析与综合评价、信息报送和对外发布等功能，并且省安全生产监督管理局已经有许多计算机管理信息系统方面的投资，重大危险源监控信息系统软件系统平台架构应该可以充分利用用户原有的投资。这样，一个以渐进的（而不是激进的、全盘否定的）方式建立在已有系统之上的服务器端平台机制是省安全生产监督管理局所必需的。

鉴于以上需求，系统采用 J2EE 架构，其理由及优点分析如下：

J2EE（Java 2 Enterprise Edition）是建立在 Java 2 平台上的企业级应用的解决方案。J2EE 技术的基础便是 Java 2 平台，不但有 J2SE 平台的所有功能，同时还提供了对 EJB、Servlet、JSP 和 XML 等技术的全面支持，其最终目标是成为一个支持企业级应用开发的体系结构，简化企业解决方案的开发、部署和管理等复杂问题。事实上，J2EE 已经成为企业级开发的工业标准和首选平台。

J2EE 并非一个产品，而是一系列的标准。市场上可以看到很多实现了 J2EE 的产品，如 BEA WebLogic，IBM WebSphere 以及开源的 JBoss 等。

J2EE 是 Sun 公司提出的一个标准，符合这个标准的产品叫“实现”。其中用户下载的 Sun 公司的 J2ee 开发包中就有一个这样的“实现”，而 Jboss、WebLogic 和 WebSphere 都是 J2EE 标准的一个“实现”。由于 JBoss、WebLogic 和 WebSphere 自身带有 J2EE 的 api，所以可以不使用 Sun 的 J2EE 实现。

目前，Java 2 平台有三个版本，它们是适用于小型设备和智能卡的 Java 2 平台 Micro 版（Java 2 Platform Micro Edition，J2ME）、适用于桌面系统的

Java 2 平台标准版（Java 2 Platform Standard Edition，J2SE）、适用于创建服务器应用程序和服务的 Java2 平台企业版（Java 2 Platform Enterprise Edition，J2EE）。

J2EE 是一种利用 Java 2 平台来简化企业解决方案的开发、部署和管理相关的复杂问题的体系结构。J2EE 技术的基础就是核心 Java 平台或 Java 2 平台的标准版。J2EE 不仅巩固了标准版中的许多优点，例如“编写一次、随处运行”的特性，方便存取数据库的 JDBC API、CORBA 技术以及能够在 Internet 应用中保护数据的安全模式等，同时还提供了对 EJB（Enterprise JavaBeans）、Java Servlets API、JSP（Java Server Pages）以及 XML 技术的全面支持。其最终目的就是成为一个能够使企业开发者大幅缩短投放市场时间的体系结构。

J2EE 体系结构提供中间层集成框架用来满足无须太多费用而又需要高可用性、高可靠性以及可扩展性的应用需求。通过提供统一的开发平台，J2EE 降低了开发多层应用的费用和复杂性，同时提供对现有应用程序集成强有力支持，完全支持 Enterprise JavaBeans，有良好的向导支持打包和部署应用，添加目录支持，增强了安全机制，提高了性能。

1. J2EE 的优势

J2EE 为搭建具有可伸缩性、灵活性、易维护性的商务系统提供了良好的机制：

（1）保留现存的 IT 资产。由于企业必须适应新的商业需求，利用已有的企业信息系统方面的投资，而不是重新制定全盘方案就变得很重要。这样，一个以渐进的（而不是激进的、全盘否定的）方式建立在已有系统之上的服务器端平台机制是公司所需求的。J2EE 架构可以充分利用用户原有的投资，如一些公司使用的 BEA Tuxedo、IBM CICS、IBM Encina、Inprise VisiBroker 以及 Netscape Application Server。这之所以成为可能是因为 J2EE 拥有广泛的业界支持和一些重要的“企业计算”领域供应商的参与。每一个供应商都对现有的客户提供了不用废弃已有投资，进入可移植的 J2EE 领域的升级途径。由于基于 J2EE 平台的产品几乎能够在任何操作系统和硬件配置上运行，现有的操作系统和硬件也能被保留使用。

（2）高效的开发。J2EE 允许公司把一些通用的、很烦琐的服务端任务交给中间件供应商去完成。这样，开发人员可以集中精力在如何创建商业逻辑上，相应地缩短了开发时间。高级中间件供应商提供以下这些复杂的中间件服务：

①状态管理服务。让开发人员写更少的代码，不用关心如何管理状态，

这样能够更快地完成程序开发。

②持续性服务。让开发人员不用对数据访问逻辑进行编码就能编写应用程序，能生成更轻巧、与数据库无关的应用程序，这种应用程序更易于开发与维护。

③分布式共享数据对象 CACHE 服务。让开发人员编制高性能的系统，极大地提高整体部署的伸缩性。

(3) 支持异构环境。J2EE 能够开发部署在异构环境中的可移植程序。基于 J2EE 的应用程序不依赖任何特定操作系统、中间件和硬件。因此，设计合理的基于 J2EE 的程序只需开发一次就可部署到各种平台。这在典型的异构企业计算环境中是十分关键的。J2EE 标准也允许客户订购与 J2EE 兼容的第三方的现成组件，把它们部署到异构环境中，节省了由自己制订整个方案所需的费用。

(4) 可伸缩性。企业必须要选择一种服务器端平台，这种平台应能提供极佳的可伸缩性去满足那些在它们系统上进行商业运作的大批新客户。基于 J2EE 平台的应用程序可被部署到各种操作系统上。例如可被部署到高端 UNIX 与大型机系统，这种系统单机可支持 64～256 个处理器（这是 NT 服务器所望尘莫及的）。J2EE 领域的供应商提供了更为广泛的负载平衡策略，能消除系统中的瓶颈，允许多台服务器集成部署。这种部署可达数千个处理器，实现可高度伸缩的系统，满足未来商业应用的需要。

(5) 稳定的可用性。一个服务器端平台必须能全天候运转以满足公司客户、合作伙伴的需要。因为 Internet 是全球化的、无处不在的，即使在夜间按计划停机也可能造成严重损失。若是意外停机，那会有灾难性后果。J2EE 部署到可靠的操作环境中，它们支持长期的可用性。一些 J2EE 部署在 Windows 环境中，客户也可选择健壮性能更好的操作系统如 Sun Solaris、IBM OS/390。最健壮的操作系统可达到 99.999％的可用性或每年只需 5 分钟停机时间。这是实时性很强的商业系统理想的选择。

所以本系统采用 J2EE 架构，结合数据仓库技术，统一重大危险源管理与监控中所需数据、接口标准与规范。通过 GIS 平台支撑整个应用系统的可视化展示与交互，形成功能强大、结构简洁的省重大危险源监控系统平台。重大危险源档案可按多种应用分类保存；实现与企业端监控系统的对接，可实时采集重大危险源现场数据，并通过数学模型实现风险分析和事故分析；实现危险源巡查、值班管理和应急指挥等业务。此外，该平台应实现与二、三级节点及企业端监控系统之间稳定的数据交互。

在此基础上，构建政府和企业多级应急指挥管理体系，对应急资源和应急预案进行管理，结合综合评估功能，促进应急体系的完善、应急预案的编制与维护。并通过决策支持引擎，使系统具有强大的数据分析功能，在应急指挥工作中起到有效的支撑作用。

系统功能结构设计如下：

2. J2EE 的四层模型

J2EE 使用多层的分布式应用模型，应用逻辑按功能划分为组件，各个应用组件根据它们所在的层分布在不同的机器上。事实上，Sun 设计 J2EE 的初衷正是为了解决两层模式（Client/Server）的弊端。在传统模式中，客户端担当了过多的角色而显得臃肿，在这种模式中，第一次部署的时候比较容易，但难于升级或改进，可伸展性也不理想，而且经常基于某种专有的协议——通常是某种数据库协议。它使得重用业务逻辑和界面逻辑非常困难。现在 J2EE 的多层企业级应用模型将两层化模型中的不同层面切分成许多层。一个多层化应用能够为不同的每种服务提供一个独立的层。下面是 J2EE 典型的四层结构：

运行在客户端上的客户层组件

运行在 J2EE 服务器上的 Web 层组件

运行在 J2EE 服务器上的业务逻辑层组件

运行在 EIS 服务器上的企业信息系统（Enterprise Information System）层软件

1）J2EE 应用程序组件

J2EE 应用程序是由组件构成的。J2EE 组件是具有独立功能的软件单元，它们通过相关的类和文件组装成 J2EE 应用程序，并与其他组件交互。J2EE 说明书中定义了以下的 J2EE 组件：

①应用客户端程序和 applets 是客户层组件。

②Java Servlet 和 JavaServer Pages（JSP）是 Web 层组件。

③Enterprise JavaBeans（EJB）是业务层组件。

（1）客户层组件

J2EE 应用程序可以是基于 Web 方式的，也可以是基于传统方式的。Web 层组件 J2EE Web 层组件可以是 JSP 页面或 Servlets。按照 J2EE 规范，静态的 HTML 页面和 Applets 不算是 Web 层组件。

如图所示的客户层那样，Web 层可能包含某些 JavaBean 对象来处理用户输入，并把输入发送给运行在业务层上的 enterprise bean 来进行处理。

（2）业务层组件

业务层代码的逻辑用来满足银行、零售和金融等特殊商务领域的需要，由运行在业务层上的 enterprise bean 进行处理。图中表明了一个 enterprise bean 是如何从客户端程序接收数据，进行处理（如果必要的话），并发送到 EIS 层储存的，这个过程也可以逆向进行。

有三种企业级的 bean：会话（session）beans、实体（entity）beans 和消息驱动（message-driven）beans。会话 bean 表示与客户端程序的临时交互。当客户端程序执行完后，会话 bean 和相关数据就会消失。相反，实体 bean 表示数据库的表中一行永久的记录。当客户端程序中止或服务器关闭时，就会有潜在的服务保证实体 bean 的数据得以保存。消息驱动 bean 结合了会话 bean 和 JMS 的消息监听器的特性，允许一个业务层组件异步接收 JMS 消息。

2）企业信息系统层

企业信息系统层处理企业信息系统软件，包括企业基础建设系统，例如企业资源计划（ERP）、大型机事务处理、数据库系统，以及其他的遗留信息系统。例如，J2EE 应用组件可能为了数据库连接需要访问企业信息系统。

3）J2EE 的结构

这种基于组件，具有平台无关性的 J2EE 结构使得 J2EE 程序的编写十分简单，因为业务逻辑被封装成可复用的组件，并且 J2EE 服务器以容器的形式为所有的组件类型提供后台服务。

4）容器和服务

容器设置定制了 J2EE 服务器所提供的内在支持，包括安全、事务管理、JNDI（Java Naming and Directory Interface）寻址和远程连接等服务，下面列出最重要的几种服务：

(1) J2EE 安全（Security）模型可以让用户配置 Web 组件或 enterprise bean，这样只有被授权的用户才能访问系统资源。每一个客户属于一个特别的角色，而每个角色只允许激活特定的方法。加强安全性的规则。

(2) J2EE 事务管理（Transaction Management）模型让用户指定组成一个事务中所有方法间的关系，这样一个事务中的所有方法被当成一个单一的单元。当客户端激活一个 enterprise bean 中的方法，容器介入一个管理事务。

(3) JNDI 寻址（JNDI Lookup）服务向企业内的多重名字和目录服务提供了一个统一的接口，这样应用程序组件可以访问名字和目录服务。

(4) J2EE 远程连接（Remote Client Connectivity）模型管理客户端和 enterprise bean 间的低层交互。当 enterprise bean 创建后，一个客户端可以调用它的方法，就像它和客户端位于同一虚拟机上一样。

(5) 生存周期管理（Life Cycle Management）模型管理 enterprise bean 的创建和移除，一个 enterprise bean 在其生存周期中将会历经几种状态。容器创建 enterprise bean，并在可用实例池与活动状态中移动它，而最终将其从容器中移除。即使可以调用 enterprisebean 的 create 及 remove 方法，容器也将会在后台执行这些任务。

重大危险源监控信息系统应用软件 J2EE 的结构设计如下：

如图 6-1 所示，该 J2EE 的架构能实现应用的核心是重大危险源企业产品目录管理和重大危险源企业管理报表与实时数据管理这两个业务逻辑，使用 EJB 加以实现，并部署在 EJB 容器中。由于产品目录和管理报表与实时数据都需要持久化，因此使用 JDBC 连接数据库，并使用 JTA 来完成数据库存取事务。

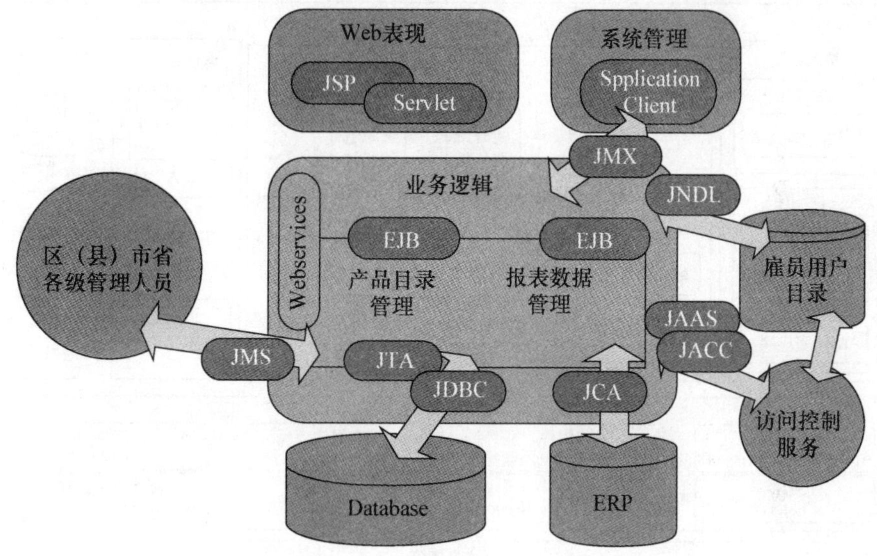

图 6-1　J2EE 的结构设计图

5）J2EE 架构设计说明

该架构使用 JSP/Servlet 来实现应用的 Web 表现：实现重大危险源企业产品目录管理和重大危险源企业管理报表与实时数据管理。为了将产品目录发送给特定的省、市、区（县）等管理人员，使用 JMS 实现异步的基于消息的产品目录传输。为了使得更多的其他外部管理人员能够实现重大危险源企业产品目录管理和重大危险源企业管理报表与实时数据管理业务，需要使用 Web Services 技术包装商业逻辑的实现。由于重大危险源企业管理报表与实时数据需要由管理部门雇员进行处理，因此需要集成管理部门内部的后台用户系统和访问控制服务以方便雇员的使用。使用 JACC 集成内部的访问控制服务，使用 JNDI 集成内部的用户目录，并使用 JAAS 进行访问控制。由于产品订购事务会触发后续管理系统的相关操作（包括综合评估、执法检查和安全巡检等），需要使用 JCA 连接下属市、区（县）各级管理信息系统。

最后为了将这个应用纳入到整体的系统管理体系中去，使用 Application Client 架构了一个管理客户端（与其他企业应用管理应用部署在一台机器上），并通过 JMX 管理这个客户端应用。

具体 J2EE 架构功能模块如图 6-2 所示。

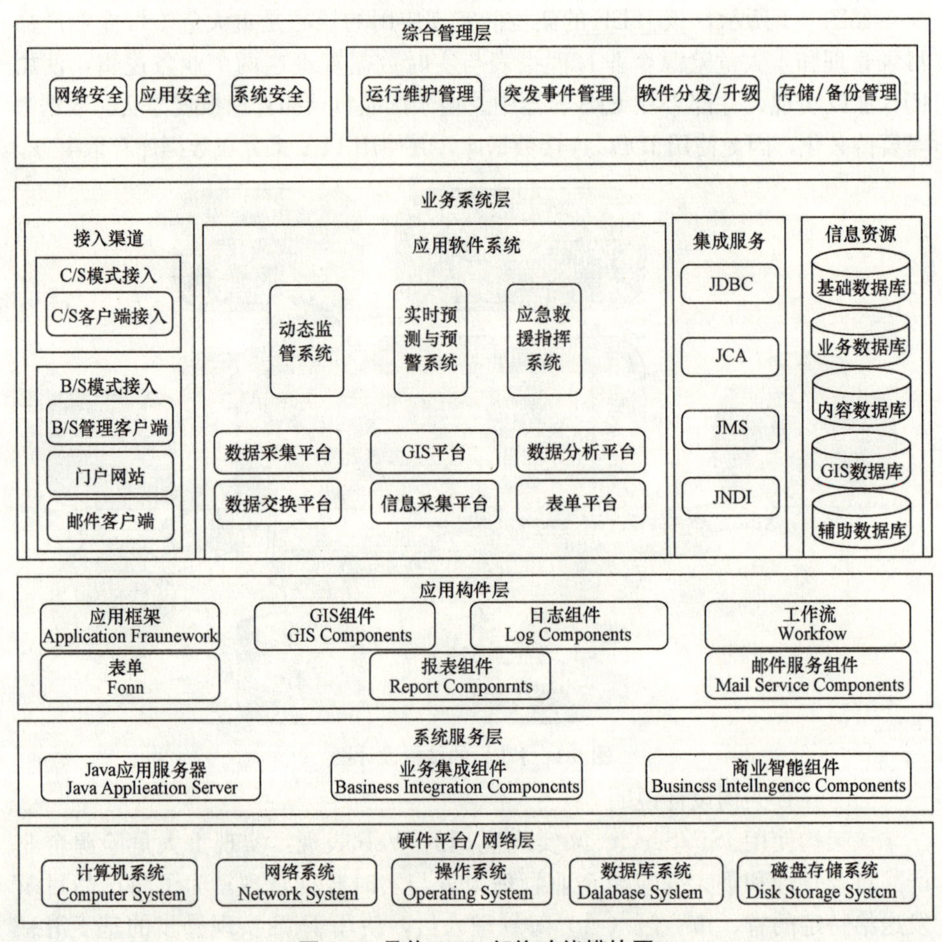

图 6-2 具体 J2EE 架构功能模块图

系统可以具备以下功能：

(1) 实时数据库。用于重大危险源监控系统平台实时数据存储。

(2) 地理信息系统。重大危险源监控系统平台的地理信息管理系统，要求能整合应急指挥调度、网上巡查等其他业务系统。

(3) 信息集成。完成实时监控系统的视频、语音及数据集成，要求满足异构系统、异构数据库、异构平台的数据集成。

(4) 决策支持系统。辅助决策调度（如最佳路径选择和资源调度），辅助重大危险源危害评估。

（5）日常管理与系统维护。

实时数据库须满足多数据源、多数据格式的信息集成，统一数据格式，提供统一的信息服务，要求支持分布式应用和基于 XML 标准的数据交换，并实现与 GIS 的数据集成。

6.2　重大危险源综合监管子系统设计

以城市各级行政区域地理信息的规划标准，提供城市重大危险源监控系统日常监管工作平台。系统要求实现以下功能：

（1）对全市重大危险源基础信息及相关内容的管理与维护，实现与一期重大危险源申报系统和危险化学品行政许可管理系统的对接。

（2）要求在安监、消防局的 GIS 和企业端的平面图（可通过 AutoCAD 绘制）上实现重大危险源和相关企业视频（参数）监测点的标注。实现以地理信息系统为基础平台的视频、语音、数据及重大危险源企业相关信息的集成与叠加显示。

（3）实现重大危险源企业应急预案管理。

（4）实现全省安全评价机构的管理。

（5）实现对企业端数据采集的远程监测、可视化图像监控，并集成于 GIS 平台中。

（6）实现系统平台各模块间的调用，与各软、硬件子系统无缝集成。

监控中心布置效果图，如图 6-3 所示。

图 6-3　省、市安监局重大危险源动态安全监管预警系统图

1. 省、市安监局重大危险源动态安全监管预警系统

市安监局监管中心功能主要由中心指挥平台、视频数据集中回放平台、中央管理服务平台等组成。它将 GIS、安全巡检督查、应急指挥管理、图像监控录像、数据采集报警、报表文件收发、安全生产台账和设备状态巡检等功能按照国家安监总局相关法律法规的要求全面完整地结合在一起，能较好地同时满足省、市、县安监局和企业各级对安全生产管理的要求。

2. 中心指挥平台概述

中心指挥平台是集 GIS 地理信息技术、多媒体数据库技术、覆水堵漏技术、预案管理技术和动态防御层技术等多项高新技术为一体的功能强大的实战控制系统软件。完整而强大的实战控制平台，使用户对视频的管理和控制能力无限延伸，最大限度地发挥监控系统的作用。

中心指挥平台不但可以实现对摄像机、数字视频服务器（DVS/DVR）、矩阵切换系统等设备的控制，最主要的是搭建起了一个扩展性极强的平台，使整个系统中的监视设备按照工作预案执行操作，变被动为主动，变无序为有序。

其功能特色有：

(1) GIS。

多媒体中心指挥平台基于 GIS，所有摄像机点位的布控基于矢量信息图，因此每台摄像机的坐标之间相互关联，在紧急情况发生时，计算机可以通过计算迅速调度相关摄像机，形成动态的防御层包围圈。同时，由于系统基于 GIS 的平台，每个监控点的设备状态信息、坐标点位等重要信息都可以在 GIS 平台上体现出来。

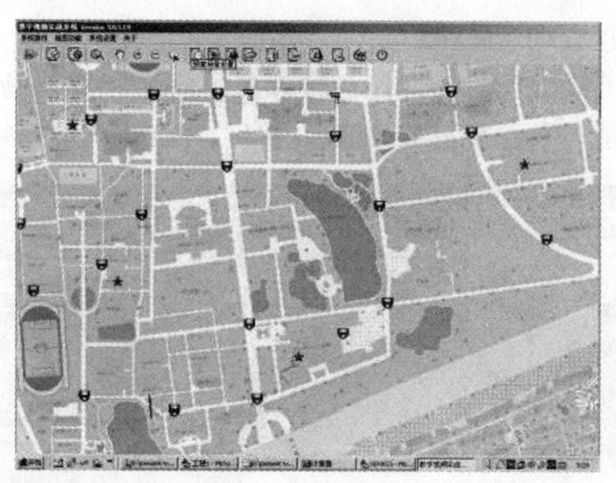

（2）覆水堵漏技术。

多媒体中心指挥平台基于 GIS 地理信息平台，系统中的摄像机相互关联，如 A 点发生异常情况，在平台上只需点击 GIS 地图上的 A 点，计算机会自动根据 GIS 上的矢量坐标信息，根据覆水堵漏算法快速寻找到 A 点附近的摄像机，控制球型摄像机转向 A 点，快速形成包围圈，并将这些摄相机的图像调出来。

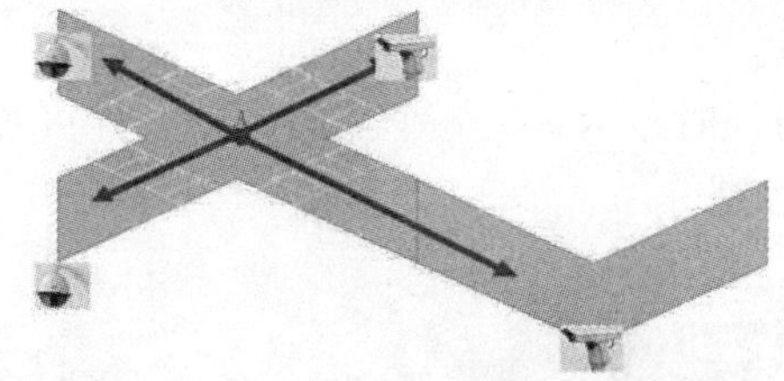

（3）地图鹰眼功能。

多媒体中心指挥平台具有鹰眼功能，地图鹰眼能够显示当前地图控制主窗口在整个地图中相应的位置，并且会随之移动。可以通过移动鹰眼中的定位框快速定位到指定的区域，当前地图控制主窗口也会相应的快速移动到对应的区域。

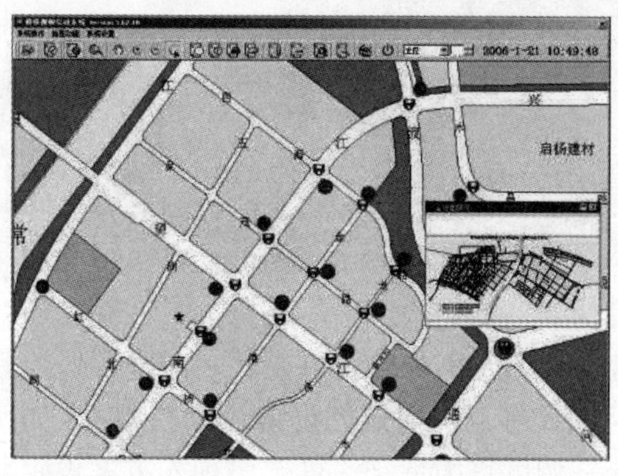

(4) 智能信息查询功能。

通过 GIS，可以直观的查询任意摄像机、路名和重要场所的信息。系统提供模糊查询功能，自动显示相关信息内容，并联动前端视频图像。

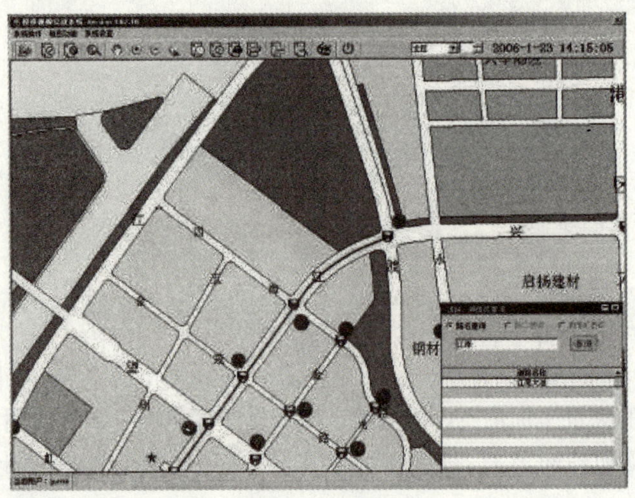

(5) 多窗口显示。

在 GIS 界面上可同时显示多达 8 个实时画面，并可对任意一幅画面进行移动、放大和 PTZ 控制等。

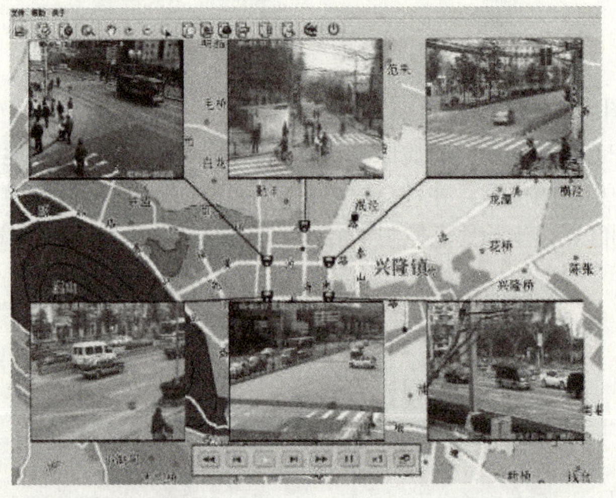

(6) 紧急预案功能。

紧急预案系统应对突发事件以及重要活动的全程监控紧急事件发生（如火灾）锁定监控范围，将范围内监控设备控制权限收归中心控制平台所有，进行现场指挥，统一调度重大活动。可按照预先方案设定监控区域路段、监控时间和监控设备的方向机状态等进行智能化全程监控。

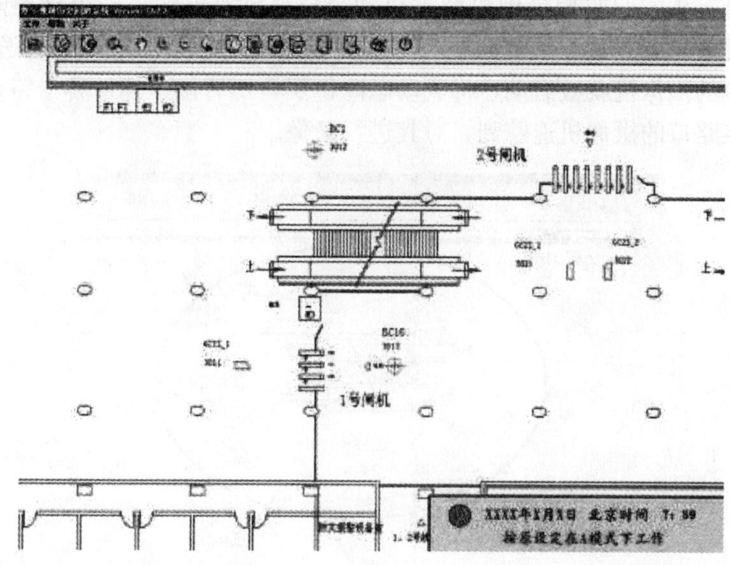

（7）日常预案功能。

日常预案系统是一个主动的应用系统。该系统在无人干预的情况下，能自动根据系统内的智能知识库动态地调整摄像机的角度，选取有效画面显示，使系统后台分布式录制的数字视频更符合实际监控的需求。

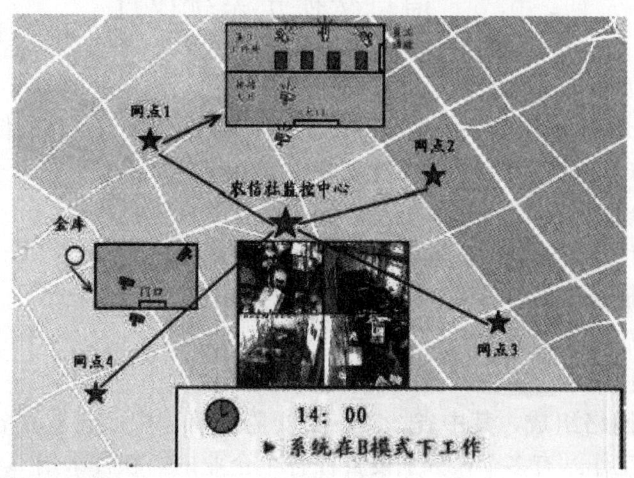

（8）动态防御层技术。

在多媒体中心指挥平台上推出了一个全新的概念——防御层，利用 GIS 信息和监控布点位置信息构建出所有监控点的拓扑结构，再加上路网的拓扑结构，可以动态地构建一个围绕监控范围内的犯罪地点，形成多层防御。

动态防御层利用覆水堵漏的技术，当一个被监控点出现情况时，该监控点附近所有相关的监控摄像机就被启动，与被监控点构成一个动态防御层，共同监视事态的发展。例如，当一个监控点出现车祸，肇事车辆逃逸，此时相关路口的摄像机就被启动，构成动态防御层，不管该车辆从哪个路口通过，都会被该路口的摄像机追踪到，对其进行录像。

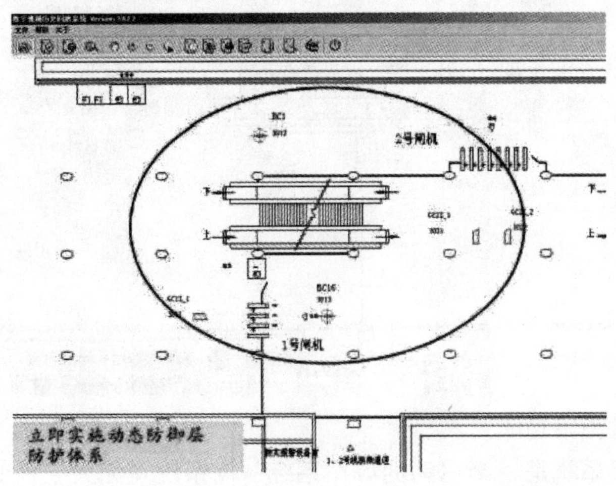

6.3　信息交换子系统设计

系统应实现以下功能：

(1) 重大危险源监控系统的视频、语音、数据及报警信息的传输；

(2) 实现语音、短信、传真群发等通信手段；

(3) 实现动态巡查信息的组播与各终端屏幕的显示；

(4) 提供动态巡查的参数设置、显示、调整功能；

(5) 实现系统平台各模块间的调用，与各子系统无缝集成。

具体功能设计如下：

信息交换子系统由包括省、市、县安监局监管中心和企业一体化工作站及加密光纤网络组成，其中省、市、县安监局监管中心设置在各安监局内，企业一体化工作站有多个，分别设置在各个企业内。软件采用 B/S 和 C/S 复合结构，既有利于维护，又有利于安全认证。数据库采用分布式结构，既有利于数据备份，又有利于数据安全。安监局监管中心与工厂一体化工作站通过加密 VPN 网络进行数据传输。它比一般的 B/S 或 C/S 结构更好的保证了信息安全。

整体网络拓扑图，如图 6-4 所示：

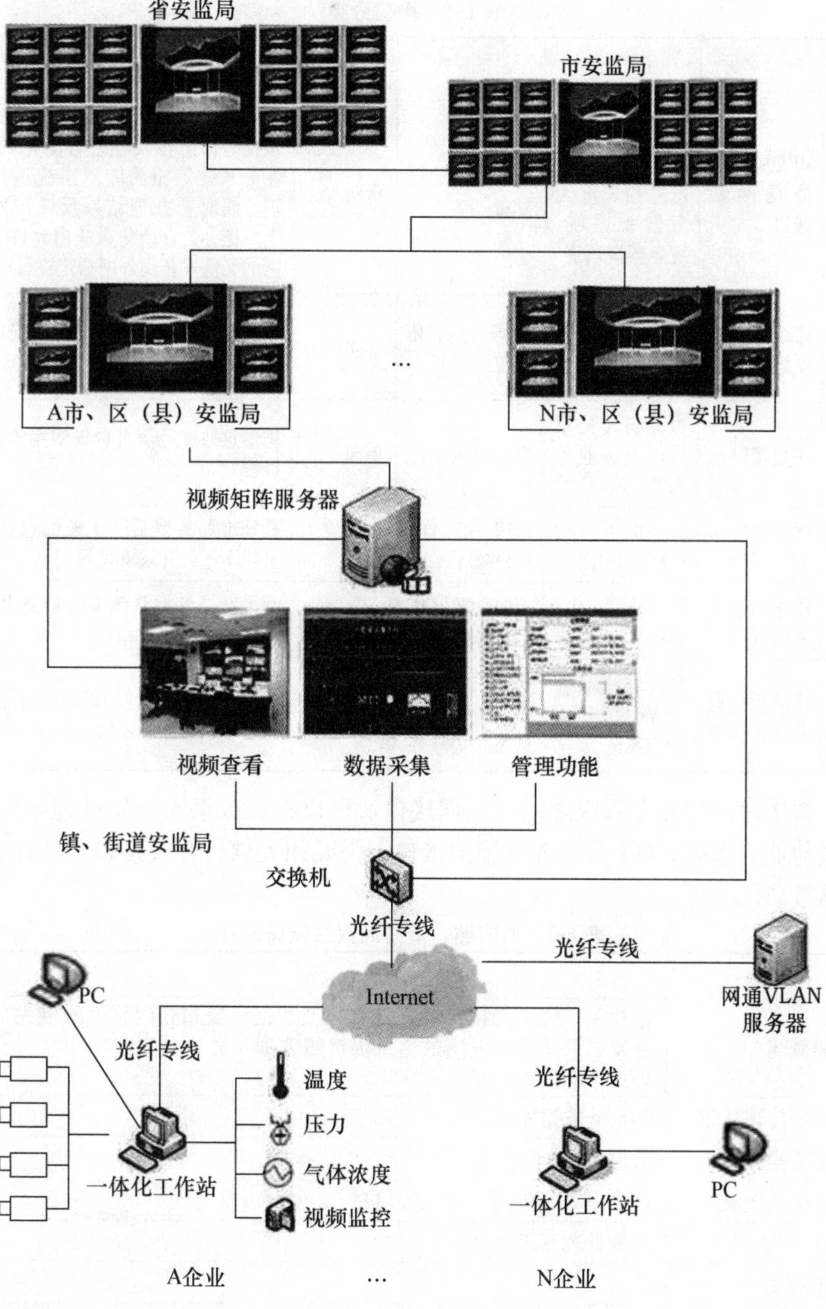

图 6-4　整体网络拓扑图

6.3.1 信息交换子系统接口设计

表 6-1 接口分类

编号	接口名称	源系统	目的系统	流动方向	功能描述
1	市安监、消防局网站接口	安监局办公自动化系统、业务系统、重大危险源系统、应急救援系统	内、外网信息发布	双向	把网站上的企业上报危险源、行政审批等信息转入办公自动化系统、业务系统等相关应用系统进行处理，同时把办理结果反馈到网站上。把办公自动化系统内允许上外网的文件发布到外网指定栏目
2	市政府办公系统接口	市安监局办公自动化系统	市政府办公系统	双向	市政府办公自动化系统与省安监局及下属县区局办公系统的公文交换
3	短信接口	办公自动化系统以及各业务系统	短信发送平台	单向	把信息通过短信平台告知用户，可以群发
4	地市局应用软件接口	应用系统、OA、门户网站	应用系统、OA、门户网站	双向	和地市局各类系统实现信息共享、上传下达、并联审批等
5	国家局业务系统接口	应用系统、OA、门户网站	应用系统、OA、门户网站	双向	和国家局各类系统实现信息共享、上传下达等
6	市局现有业务系统接口	危险化学品管理系统、矿山管理系统	行政许可审批、重大危险源系统等软件	双向	实现与这两个软件的数据交换、信息共享、业务一体化

本次建设的业务系统之间的数据接口，可以在业务系统开发过程中完成；和其他业务系统、OA 等外部系统的接口，需要相关软件开放接口，才能开发数据接口。

表 6-2 市安监、消防局网站接口设计

接口编号	1
功能概述	把相关系统中的指定信息（文档型数据）发布到内、外网网站的信息发布系统中。发出的信息仍然需要通过外网信息发布审核流程的处理才能最终上网
应用层传输协议	Oracle 数据库协议
数据交换方式	数据包
数据格式定义	各类报表的内容、标题等信息
触发方式	业务处理事件触发
使用频度	较高
数据传输量	正文数据在 4M 字节以内，一般传输量在 1M 字节以内

表 6-3　短信接口设计

接口编号	4
功能概述	把系统的用于告知用户的短信发到短信平台，短信平台通过移动运营商的网关发送到指定的一个用户或者一组用户。其实现的前提是短信平台的硬件和软件设备都已具备。短信接口提供单向的服务，即只实现发送功能
应用层传输协议	CMPP V2.0（中国移动点对点协议）、SGIP V1.2（中国联通短信网关协议）、ISMG（到移动短信中心 SMSC 的网关协议）
数据交换方式	数据包
数据格式定义	字符串（手机号、信息内容）
触发方式	业务处理事件触发
使用频度	一般
数据传输量	每条信息在短信的数据量规定范围内（160 个拉丁字母，或 70 个中文字符）

表 6-4　地市局业务系统接口设计

接口编号	5
功能概述	和地市局各类系统实现信息共享、上传下达、并联审批等，主要内容包括重大危险源监管信息、行政许可审批信息、文件发放及上传、地市安监网站新闻动态等
应用层传输协议	Oracle 数据库协议
数据交换方式	数据包
数据格式定义	数据库表。标题、正文等信息
触发方式	业务处理事件触发
使用频度	一般
数据传输量	正文数据在 4M 字节以内，一般传输量在 1M 字节以内

表 6-5　与省级业务系统接口设计

接口编号	5
功能概述	和省局各类系统实现信息共享、上传下达等，主要内容包括重大危险源监管信息、行政许可审批信息、文件发放及上传、本省安监新闻动态上传等
应用层传输协议	Oracle 数据库协议
数据交换方式	数据包
数据格式定义	数据库表。标题、正文等信息
触发方式	业务处理事件触发
使用频度	一般
数据传输量	正文数据在 4M 字节以内，一般传输量在 1M 字节以内

表 6-6　省局现有业务系统接口

接口编号	6
功能概述	和省局现有危险化学品管理系统、矿山管理系统等实现数据交换、信息共享、业务一体化
应用层传输协议	Oracle 数据库协议
数据交换方式	数据包
数据格式定义	数据库表。标题、正文等信息
触发方式	业务处理事件触发
使用频度	一般
数据传输量	正文数据在 4M 字节以内，一般传输量在 1M 字节以内

图 6-5 是省安全生产监管局系统部署情况图，主要包括安全生产行政执法

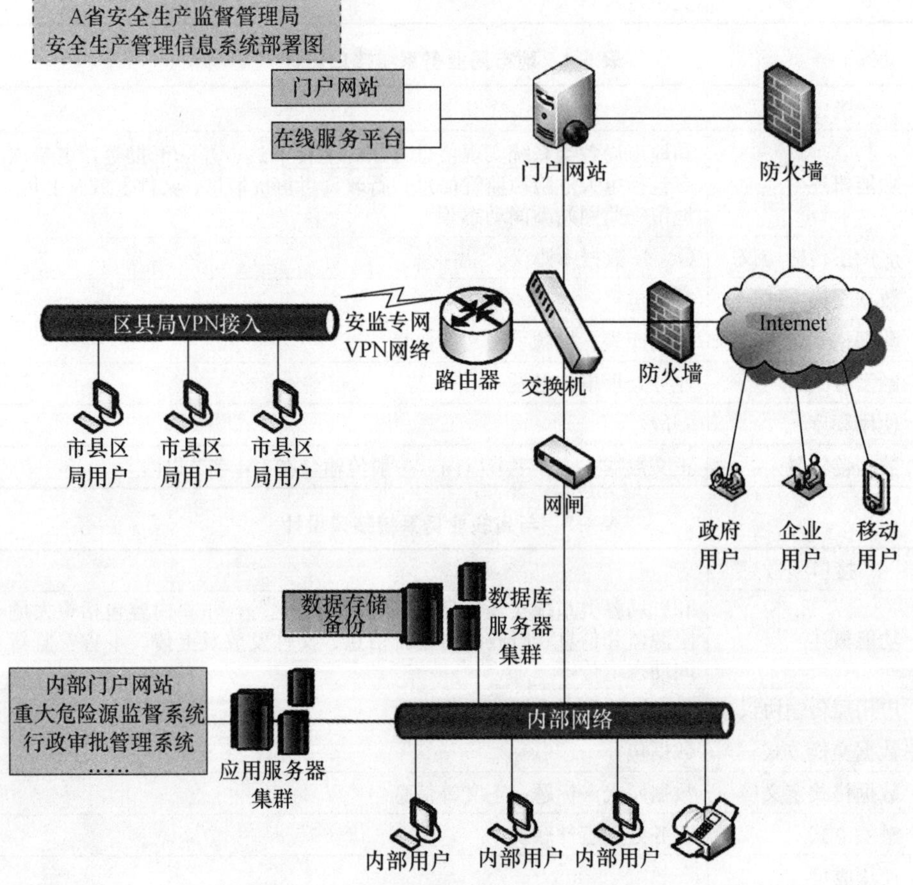

图 6-5　省安全生产监管局系统部署情况图

管理系统、安全生产培训管理系统、安全生产统计调试系统、安全生产行政审批系统、应急救援系统、安全事故举报管理系统、内网门户网站系统等。

对外门户网站和企业申报系统部署在外网，采用独立服务器的方式部署。

内外网数据交换

内外网数据交据示意图如图 6-6 所示：

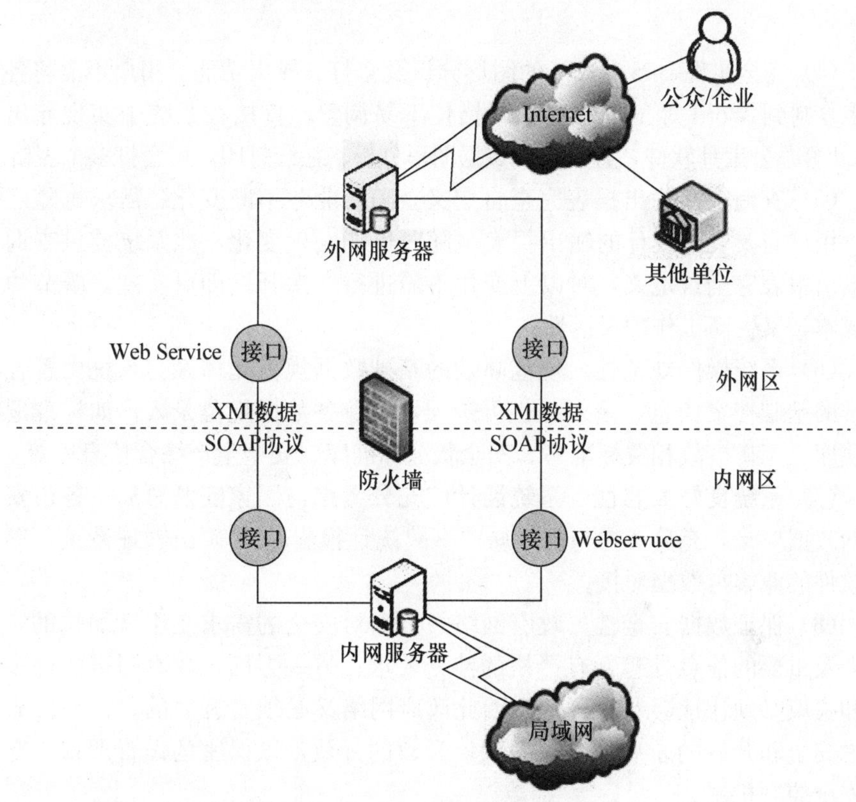

图 6-6　内外网数据交换示意图

技术设计思想

（1）多级关联数据库建模技术。软件快速模板化开发技术；组件开发技术；三层/多层开发平台技术；基于 B/S 的 J2EE 架构开发技术。

（2）系统基于统一平台。系统建立统一的平台体系架构，所有的应用模块基于统一的平台进行管理，实现区域管理（支持建立多级区域）、用户管理（不同的用户、不同的角色，统一的管理）、权限管理（对用户和用色进行动态权限设置管理）、模块管理（支持模块自定义）和规范库管理（支持系统资源信息的构建积累、分类和有效管理）。

（3）系统采用 B/S 结构。系统完全采用 B/S 结构进行开发设计，通过 Internet 技术建立政府之间、政府与监督企业、企业与企业之间的数据交换通道，保证基层政府及企业无须安装任何程序便能随时随地轻松的使用最新版本软件。企业无须上报软盘，足不出户便可完成所有申报工作，方便企业。政府无须接收，企业及政府数据均在一个数据库中，监管部门随时随地及时、准确、全面了解安监信息，有的放矢，加强管理，有效减少重、特大事故发生。

(4) 完全实现 B/S 模式下的图形分析及套打、导出功能。用户不需将各类报表复制到 Word 等工具以免导致错位不易调整。直接在系统中实现导出到 Word 等办公工具软件，且可实现数据图形分析、在线打印，可套打多个表格。

(5) 查询统计输出报表完全自定义。随着业务不断变化，需求也随之变化，用户需要查询统计的输出报表也随时可能发生变化，此系统提供查询统计输出报表完全自定义，对以上变化不需进行二次开发即可实现。既节约开发成本，又提高工作的灵活性。

(6) 系统操作规范性。规范高效的基础数据规范化体系。系统内置各项标准的基础档案信息，录入提供可选项，使业务数据规范录入；如标准危险物质库、工矿事故相关标准库、安全状况标准库、安全生产综合信息库等。

(7) 系统良好兼容性。系统设计应充分考虑与国家安监总局、各市安监局的数据对接，充分考虑与国家局“事故统计报告”、“矿山管理系统”等应用软件的兼容与数据对接。

(8) 保证数据安全性。政府网络一方面对安全的需求是不言而喻的，政府涉及重要的信息处理，有严格的涉密要求；另一方面，政府制定的许多政策和决策必须让社会及时了解，因此政府网络又必须是开放的。该系统充分考虑安全和开放的矛盾处理，做到该开放的开放，该保密的设置严格、有效的安全控制机制。

可以采用以下数据安全技术：

(1) 采用加密技术保证数据安全性、通过接口适配系统和业务系统隔离、支持断点续传、数据交互采用基于 XML 数据总线技术、接口定义出错处理机制完善、支持实时接口和非实时接口。

(2) 采用加密技术和身份认证技术保证数据安全性。

(3) 保护数据库的安全性，是指保护数据库以防止不合法的使用造成的数据泄露、更改或破坏。安全性问题不是数据库系统独有的，所有计算机系统都有这个问题。只是在数据库系统中保存着大量重要的数据，而且为许多最终用户共享使用，从而安全问题更为突出。系统安全保护措施是否有效是数据库系统的重要指标之一。数据库的安全控制主要通过用户标识与鉴别、存取控制、视图机制、审计、数据加密等机制完成。安全系统既要保证网络和应用的安全，又要保证自身的安全。

6.4　事务处理子系统设计

系统可实现以下功能：

(1) 报警信息的接收、存储与处理；

(2) 监控系统日常值班管理与数据维护；

(3) 实现重大危险源管理工作的统计、分析与综合评价等功能；

(4) 实现重大危险源决策信息、数据模型的管理；

(5) 提供事故模拟与应急指挥演练预案的调取、管理；

(6) 实现系统平台各模块间的调用，与系统平台各子系统无缝集成。

具体功能设计如下：

6.4.1　事物处理逻辑关系分析

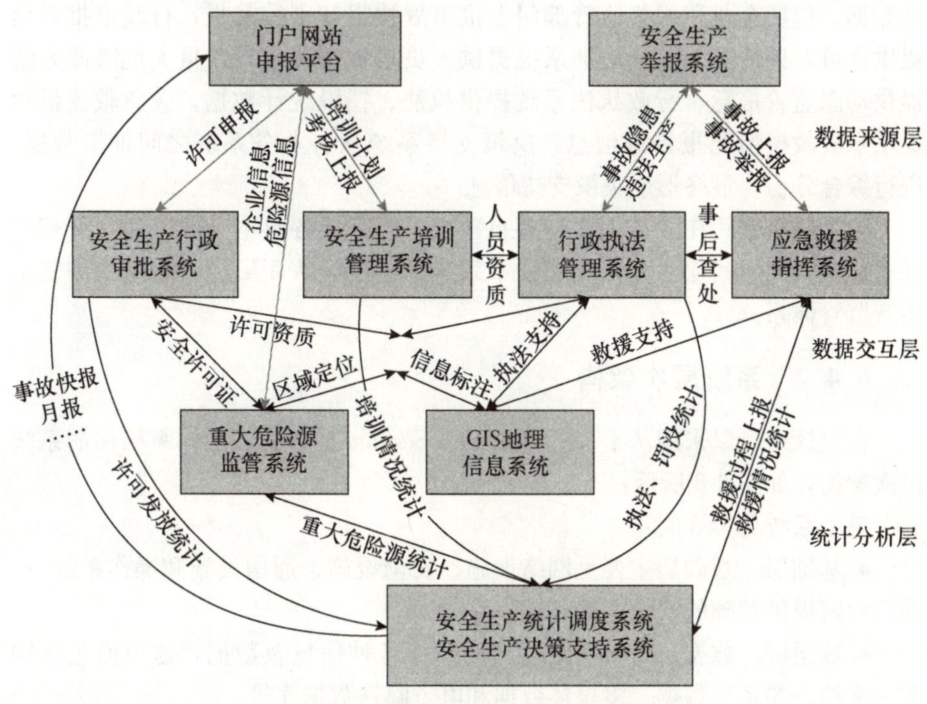

图 6-7　事物处理逻辑关系分析图

业务系统逻辑关系分为三个层次（见图 6-7）：

(1) 数据来源层。

数据来源层是生产企业和社会公众，通过门户网站申报平台、举报系统向省局报送各类信息，举报各种事故。主要包括企业基础信息、安全生产许可证申请、企业重大危险源、培训考核和计划等申请申报信息，事故隐患、违法违规生产信息，事故上报和事故举报的事故信息和隐患信息。通过这一层次，可以建立省局各种业务基础数据库。

(2) 数据交互层。

各业务系统分别对所属业务进行管理，在这些基础上和相关业务系统进行关联数据的交互。如审批系统向重大危险源系统和执法系统的许可证信息交互，重大危险源系统和GIS交互，安全生产培训系统和行政执法系统的人员资质交互，GIS向行政执法系统和事故应急救援系统进行支持，应急救援系统向行政审批系统提供事后查处信息等。这一层次主要实现业务数据的共享和联动。

(3) 统计分析层。

这一层次主要是各业务系统向安全生产统计调度系统和决策支持提供统计数据。包括企业和相关监管部门上报事故快报和事故月报，行政审批系统提供许可发证情况统计，培训系统提供人员培训情况统计，重大危险源系统提供动态监管信息，行政执法系统提供执法、罚没统计数据，应急救援机构提供事故救援情况报告等信息。决策支持系统从各业务系统之间抽取数据，进行综合分析，最终形成决策支持信息。

三个层次之间在业务上保持各自独立，能完成各自本身的工作，又相互联动，综合利用其他业务系统加强本系统的功能，从而形成一个完整的完全生产监管体系。

6.4.2 系统层次架构

在设计中可以采用基于J2EE和Web Service技术的多层体系结构的系统层次架构，如图6-8所示：

整个系统分为5层：

- 基础层。基础层主要是网络设施、安全设施、通信设施和操作系统等，为门户网提供基础的安全运行环境。
- 数据层。数据层负责存储门户网站的各种信息及数据，这里面包括网页、文档、关系型数据、多媒体数据和电子邮件数据库等。
- 支撑层。支撑层提供了门户网站关键的支撑系统，包括应用服务器、Web服务器等逻辑支撑系统

● 应用层。在应用层主要提供门户网站的各种栏目、频道和信息发布、内容管理、搜索引擎、BBS 系统、视频信息、电子邮件等应用功能系统，并为访问者提供个性化服务。

● 表现层。表现层通过浏览器、手机等方式，为用户提供多样化的信息服务。

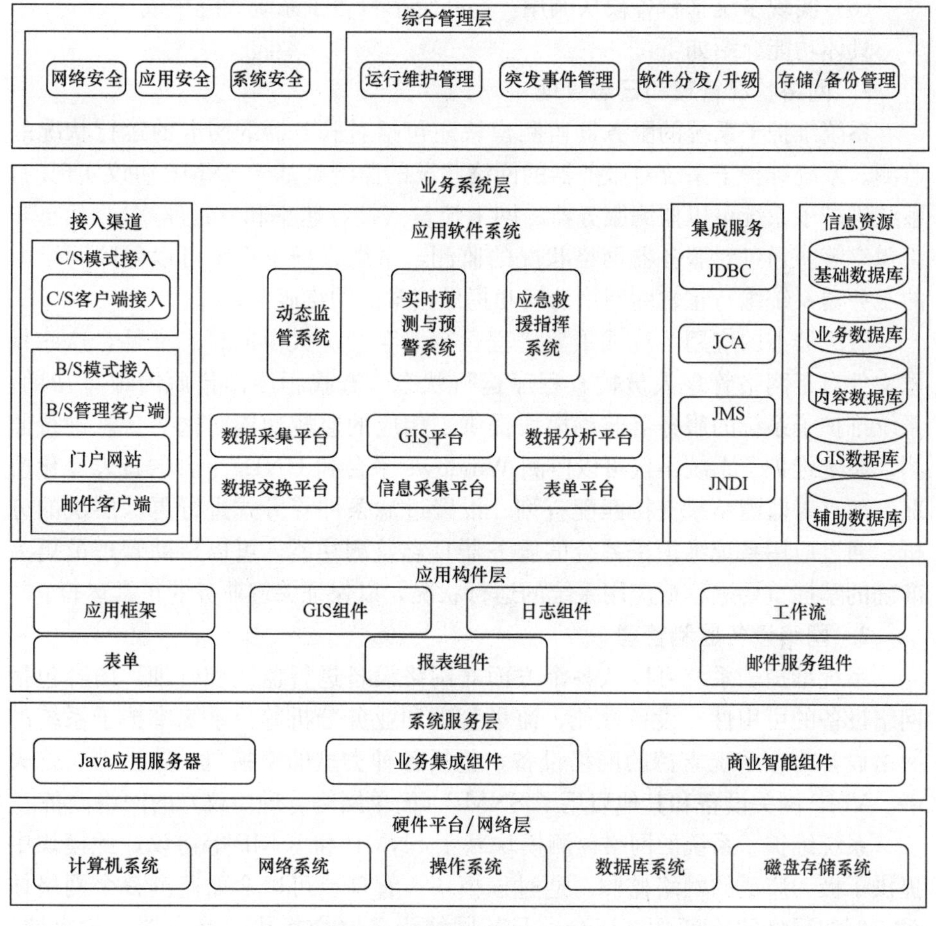

图 6-8　系统层次架构图

6.5　系统维护子系统

系统设计时需要同时考虑好如何对系统进行运行管理、故障监测等措施，以便在系统发生故障时可以快速诊断与修复。可以考虑实现以下功能：

（1）根据《省重大危险源监控系统技术规范》实现全网 IP 地址规划与统

一管理；

（2）实现全网各监控终端在线状态（如启用、禁用和断网等）的实时巡查与监控；

（3）实现系统平台日常运行日志的管理与维护；

（4）实现平台入网用户的统一授权，账号、密码的管理功能；

（5）实现系统平台各模块调用，与系统平台各子系统无缝集成。

具体功能介绍如下：

1. 网络状况管理和日志管理

系统维护子系统的服务器监测模块还包括对服务器的网卡的运行状况的监测。系统维护子系统对服务器的网络状况的监测是基于SNMP协议实现的，系统维护子系统可以监测服务器的网卡流量（接收速率和发送速率）、状态和丢包率等。通过对服务器网络状况的监测，系统维护子系统可以保障网络中的服务器系统维持正常的网络访问和提供正常的网络服务。

服务器上的应用系统或重要进程运行时会产生大量的日志文件，这些日志文件对于网络管理人员检查程序运行状态、查找程序出错原因很有帮助。系统维护子系统的服务器监测模块提供了相应的监测功能对这些日志进行监测。系统维护子系统不仅可以监测Windows平台和UNIX平台的日志变化情况，而且对监测结果支持匹配查询、设置过滤条件等方式进行更深层次的分析，通过应用系统维护子系统的服务器日志监测功能，可以帮助管理员更为准确的掌握重要进程或应用系统的运行状况，以保证关键业务的正常运行。

2. 网络设备监测管理

系统维护子系统可以从各个方面对网络设备进行监测和管理，内容包括网络设备的可用性、设备性能、流量管理和业务分析等。系统维护子系统的网络设备管理系统支持的网络设备，包括各种类型的交换机、路由器、防火墙、VoIP网关设备和其他启用了SNMP（简单网络管理协议）的网络设备。

系统维护子系统的网络监测模块基于SNMP和ICMP等协议，此模块中提供了极为广泛的网络监测。通过该模块，管理员可以全面监测整个网络体系，例如网络的连通性（Ping）及其网络设备（交换机、路由器、防火墙）的状态，如接口状态、接口流量、接口丢包率和路由器的CPU负载等。该监测模块需要被监测的网络设备启用SNMP，系统维护子系统通过发送Get请求并接受来自被监测的网络设备的响应。图6-9为系统维护子系统网络监测模块的工作原理图。

3. 网络设备可用性、性能管理

监测网络设备可用性通常使用的方法就是对网络设备使用Ping或者发送

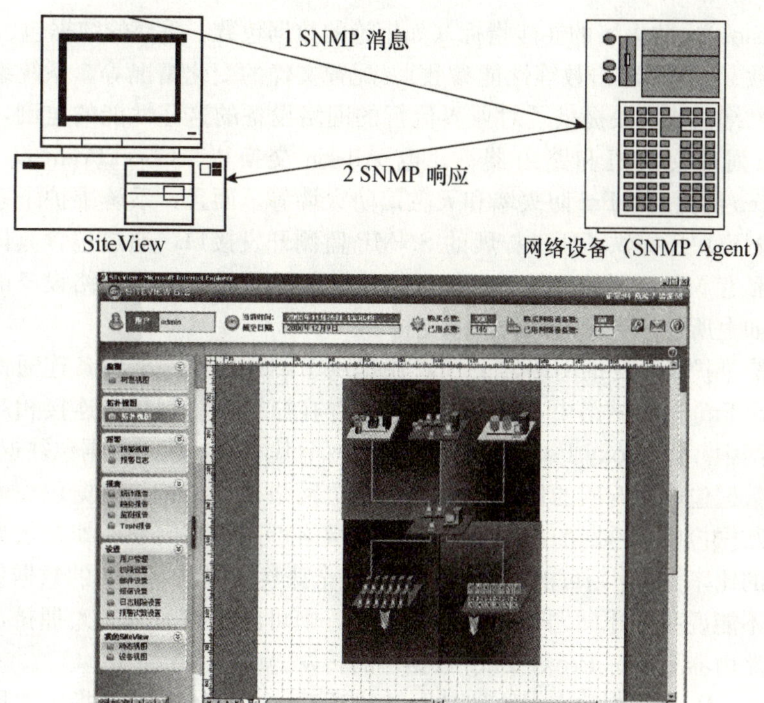

图 6-9 网络设备图

SNMP Get 请求。系统维护子系统的网络监测模块很好地实现了这两种监测方式。通过对企业网络设备应用 Ping 监测，可以得到监测点到被监测设备的连通性、网络设备的响应时间以及丢包率等，从而有效地反应网络状况的畅通性。但是，由于仅仅应用 Ping 监测，有时并不能反映网络的真实情况（如网络设备 Ping 失败可能是由于管理员已经禁止对此网络设备使用 Ping 的请求），所以系统维护子系统的网络监测模块提供了对网络设备发送 SNMP GET 请求来监测网络设备的可用性的解决方案。

系统维护子系统的网络监测模块的技术核心集中在使用 SNMP 对网络设备进行监测的实现。SNMP 是对网络设备进行监测和管理的标准，系统维护子系统不但提供了多种基于 SNMP 的监测模块，而且还提供了基于 SNMP 进行监测的标准接口模块，以满足网络设备不同层次的监测需求。

网络设备的可用性主要表现在网络设备接口的相关状态信息，包括接口状态、接口流量和接口丢包率等。系统维护子系统提供了根据公有 MIB 开发的网络设备的接口监测模块，只需要管理员根据需求添加对相关接口的监测，即可实现对网络设备的接口状态、接口流量和接口丢包率等相关信息的动态监测。

网络设备的可用性还包括 CPU 利用率、内存利用率、当前连接数、会话数（session）、防火墙的性能指标（如拒绝的数据包数、丢弃的数据包、IP 欺骗攻击数、ICMP 攻击数等性能参数）、配置文件的变化情况等。系统维护子系统的网络监测模块提供了对业界流行的网络设备的这些性能的监测，例如 Cisco 系列的交换机和路由器、北电 Alteon 交换机、CheckPoint 防火墙、NetScreen 防火墙、Pix 防火墙和天融信防火墙等。而且，系统维护子系统的网络监测模块还提供了便于扩展的 SNMP 监测开发接口，通过包含具体网络设备的私有 MIB，系统维护子系统可以任何启用了 SNMP 的网络设备的可用性提供如上所述的更深层次的监测支持。

系统维护子系统的网络监测模块还提供了测试远程网络设备连通性的监测 Proxy Ping。在网络中，数据传输经常存在瓶颈，特别是在连接相对较慢的广域网中。而 Proxy Ping 监测通过测量两个基本的参数“数据包往返时间”以及“数据包成功返回的比率”来确定一个网络是否拥挤。数据包往返时间长或是数据包成功返回的比率低则意味着网络可能存在问题，如果数据包成功返回的比率为 0，则可能说明网络已经完全瘫痪。但是，偶尔的数据包的成功率低不能说明上述问题，如果经常发生，则可能是因为网络太拥挤，或者是因为路由器不支持 Proxy Ping 数据包的转发。

Proxy Ping 监测的实现原理是驱动代理 Cisco 路由器 ping 指定的网络地址，从而了解 Cisco 路由器和指定网络地址之间的网络连通性。每当运行 Proxy Ping 监测器，它将返回测试主机响应数据包的往返时间以及成功返回数据包的比率，并将数据写到日志文件中。

如图 6-10 所示，如果监测机到 R1 路由器的链路是正常的，那么就可以使用运行在监测机上的 Proxy Ping 监测器驱动 R1 路由器的 SNMP 代理（支持 CISCO-PING-MIB）测试 R1 到 R2 路由器链路的连通性。

图 6-10　系统维护子系统 Proxy Ping 工作图

对于网络设备的性能参数，系统维护子系统主要提供网络设备的 CPU 负载、内存使用率以及剩余内存空间等。针对这些性能参数，系统维护子系统的网络监测模块采用两种方式进行性能数据的采集：一种是通过 SNMP 来获得性能参数数据。这种方式的优点是占用网络资源少，速度快。另一种是远程登录（Telnet）。在这种方式中，系统维护子系统通过模拟终端用户的行为直接登录到网络设备，通过网络设备操作系统提供的命令来查看企业设备的性能参数。这种方式的优点是直观，完全符合企业运营维护员的行为。

6.6　企业监控中心前置接口设计

企业监控中心前置接口应实现以下功能：

（1）实现与企业监控中心的互连互通，根据《省重大危险源监控系统技术规范》实现与企业监控中心的视频、语音、数据传输与控制转换；

（2）实现安监局端各相关节点对重大危险源企业各监控点的云台控制；

（3）实现安监局端各相关节点对其监管企业历史数据的查询、调阅、传输；

（4）与省局监控中心相连，实现企业端实时在线状态的发送、断网报警并重连功能；

（5）实现监控中心对前置接口机的远程软件升级与系统管理功能。

前置接口设计思路如下：

（1）应充分整合利用企业已有的相关监控系统（DCS、环保监控和安防监控等）硬件、网络和软件等资源，按照有关系统功能要求接入政府重大危险源监控系统平台，确保各级监管部门对企业重大危险源能够做到有效动态监控。

（2）企业端监控系统建设包括信号采集设备（包括传感器和摄像头）、信号集中传输设备（企业监控主机）、网络系统和监控管理软件等部分，能够根据企业的实际情况，实现多级监控体系的建立，能够通过前置接口的方式和各级政府监控中心端进行连接。

企业端监控系统基本框架设计如图 6-11 所示。

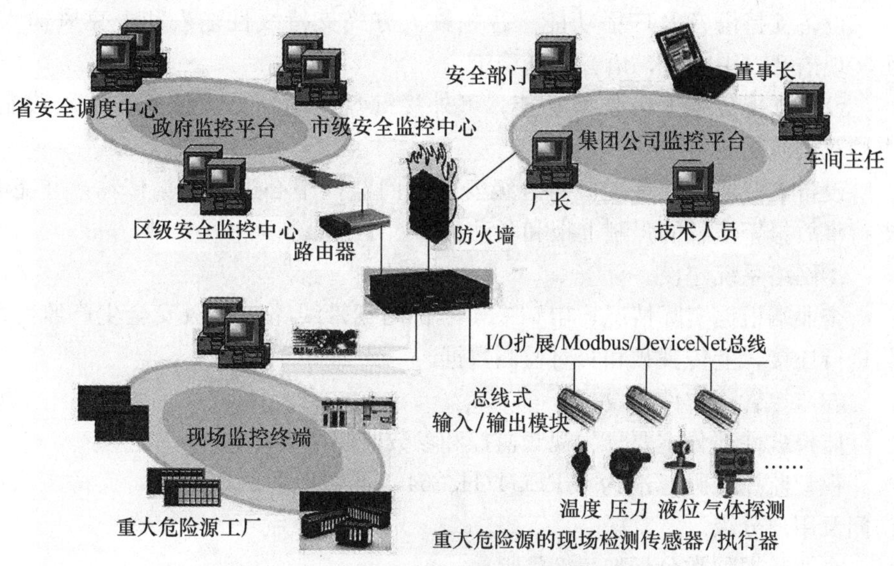

图 6-11　企业端监控系统基本框架设计图

①信号采集设备建设。

信号采集系统主要包括传感器和摄像头，用于采集企业重大危险源的数字视频数据和模拟量进行数据采集以及一些由传感器采集的模拟数据（被监控区域的温度、湿度和压强等）。设备部署的位置优先选择储罐区（储罐）、库区（库）、生产场所三类重大危险源，其他监控场所可视企业自身安全生产情况来决定。

摄像头和传感器等设备选型、线路铺设规范、设备安装规范、报警范围设置等内容以《省重大危险源监控系统技术及管理规范》标准执行。

②信号集中传输设备。

信号集中传输设备即企业监控主机，通过监控主机实现监控设备的高集成性，将视频监控、参数监测、联动报警和通信传输等众多不同领域的技术集成到一套系统之中。

③视频监控功能。

设备可以根据企业现场安全生产监控需求进行二次开发或根据企业的特殊需求进行功能定制。

产品要实现监视设备的高集成性，将视频监控、参数监测、联动报警进行集中传输。

设备采用 MPEG4 或 H. 264 的图像压缩标准，图像分辨率支持 QCIF、CIF 和 D1 格式。监控主机必须高度集成，一台设备至少同时支持 1、2、4 路摄像机和 8 路传感器接入，能够根据现场需要灵活配置设备型号。

设备支持语音及广播功能。音频输入方式支持线性输入和麦克风输入，可实现语音对讲功能，语音清晰稳定。

设备支持数字矩阵切换功能，可外接键盘控制。支持服务器转发功能。支持双码流功能。

设备支持通过前置接口与各级安监部门监控中心进行数据传输，并能够支持事故报警信息的强制上报和联动报警。

④网络系统建设。

企业端根据实际情况，申请 2M 因特网宽带线路与上级安全生产监管部门进行连接，上传视频和实时监测数据。

⑤监控管理软件建设

监控软件部分主要分为视频监控和参数监测两个部分。

视频监控编码标准为 MPEG4/H. 264，可实现多画面监视，支持多用户访问及用户分级。

企业数据种类分析如表 6-7 所示。

表 6-7　企业数据种类分析表

数据名称	原数据格式	变换方式与步骤	企业 PC	县市省 PC
视频图像	PAL（N）	PAL/H. 264（MPEG4）	TCP/IP	TCP/IP
温度	0～5V 0～10V 4～20mA	A/D/RS485/RS232	TCP/IP	TCP/IP
压力	0～5V 0～10V 4～20mA	A/D/RS485/RS232	TCP/IP	TCP/IP
液位	0～5V 0～10V 4～20mA	A/D/RS485/RS232	TCP/IP	TCP/IP
气体浓度	0～5V 0～10V 4～20mA	A/D/RS485/RS232	TCP/IP	TCP/IP
开关信号		A/D/RS485/RS232	TCP/IP	TCP/IP

1. 企业监控中心数据采集报警系统前置接口的工作原理（见图 6-12）

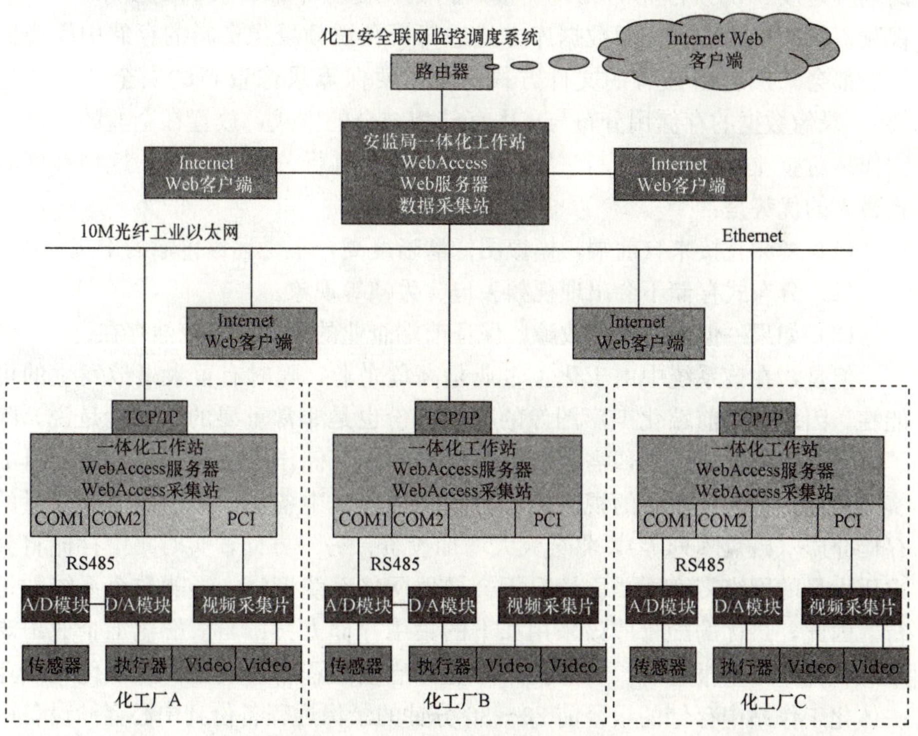

图 6-12　企业监控中心数据采集报警系统前置接口的工作原理图

软件应该提供众多驱动程式与自动化设备通信而无须第三方软体的支援，使通信速度更快、效率更高。包括 Allen-Bradley、Siemens、Modicon、GE、Mitsubishi、Omron 和 Echelon 等全球知名厂商的设备驱动程式。

数据采集系统将报警传感器采集到的企业内的环境数据信息通过工业控制 485 总线传输到办公室，通过 485/232 数据变换器从串行通信口 RS232 接入一体化工作站。一体化工作站进行数据分析处理和存储，当超过高报警设定限值时进行报警。同时数据通过专网传输到各区的安监局监控中心，监控中心的服务器也进行数据分析处理和存储，当超过高报警设定限值时进行报警。这样即保证了数据的容灾备份，又保证了分级报警的目的。

2. 视频资料采集存储系统的工作原理

整个系统视频存储采用分布式与集中式存储相结合的方式进行。

视频资料的存储采用文件系统方式进行存储（目前几乎所有视频资料的存储都采用文件系统的方式进行存储，而不采用诸如 Oracle、DB2 和 SQL 等数据库进行存储，主要是由于一方面视频资料的文件过大，对于大型数据库的响应速度、视频存储的无缝连接、删除、覆盖等都有极高的要求。因此，视频资料的存储不适合用数据库方式进行，在视频录像资料的存储中生产商一般都会采用自己独有的文件方式，以方便保障录像资料的安全性与快捷性）。录像数据的存储用分布与集中存储相结合的方式，放置在企业的一体化工作站对企业内的视频资料进行全实时录像，进行分布式存储。这种存储方式最大的优势是：

（1）视频直接来自前端，模拟图像清晰度高，不受远程传输的干扰。

（2）分布式存储不会出现视频丢包、丢帧等现象。

（3）如果一但网络出现故障，保证前端企业的录像资料依然存在。

但是，在该系统中由于化工企业是高危企业，随时有重大事故发生的可能性。因此，对前端化工厂图像的集中备份也是非常重要的。也就是说，除了分布式存储方式以外，需要能够提供集中式存储作为备份。根据该项目的实际情况，把前端所有的视频图像都随时进行集中备份，一方面需要大量的存储介质（磁盘阵列等），将会大大增加投资；另一方面，实时集中存储将会占用大量的网络带宽，严重情况下会导致网络系统瘫痪，影响整个系统的运行。因此，最优的配置应该采用如下的集中存储方案：当前端化工企业出现紧急状况，产生报警时，在监控中心随即启动远程备份功能，将该化工企业一体化工作站中存储的报警前 20～30 分钟的录像远程备份到中心存储设备中去，以保留部分重要的视频资料信息，便于今后查询。

企业安全管理信息系统的基本构成如下：

1）硬件系统的构成

如硬件系统图所示，大中企业需要配备两台服务器（小企业可配制一台），一台为安全监测数据服务器，用于处理和存储大量的安全生产数据；另一台为监控系统专用服务器，用于处理和储存图像信息和相应的办公自动化信息，并配备相应的摄像机和传感器。

其系统原理图，如图 6-13 所示。

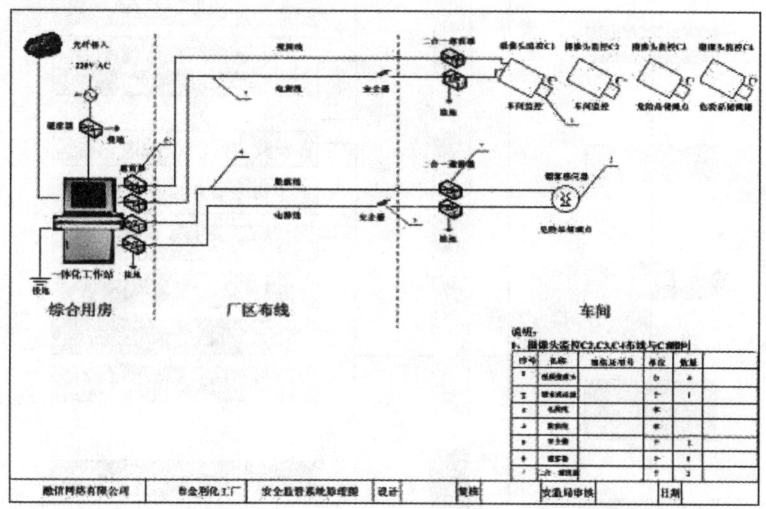

图 6-13　系统原理图

企业安全生产监管一体化工作站，如图 6-14 所示。

图 6-14　企业安全生产监管一体化工作站

2）企业软件系统与结构

企业软件系统与结构如图 6-15 所示。

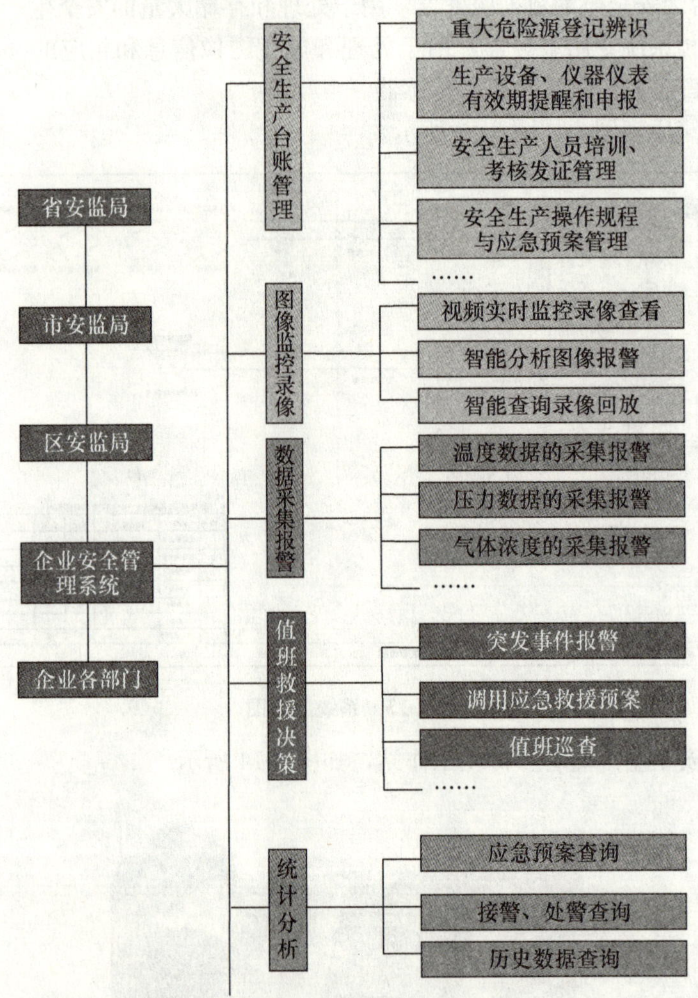

图 6-15　企业软件系统与结构图

软件主要由三部分组成：

一是系统将全部的生产安全检测系统集成为一个统一的、完整的、高效的系统。系统实现了：

（1）远程的、网络的实时显示和实时管理；

（2）信息自动地进入企业的局域网；

（3）各类历史数据的分析和查询，历史曲线的绘制，直方图的绘制等；

（4）数据自动传到集团公司的数据库，自动为集团公司提供实时数据。

二是系统对于安全监察、生产调度和机电等安全生产专业分别建立了相应的信息管理系统。各专业系统主要有以下功能：

（1）系统管理功能。管理员登录、权限设置（设置集团公司用户、各企业用户，以及各级管理员权限）。

（2）专业功能之一。相应的监测系统的实时动态管理。

（3）专业功能之二。上报图件、上报报表、上报文档的考核与管理功能、作业规程管理、内部图件管理、内部报表、内部文档、事故管理、隐患管理。

三是通用功能，有关企业情况、法律法规、规章制度、上级文件、搜索引擎、网上论坛、内部邮局、新闻广播和职工档案等。

6.7 系统基本模块设计

系统平台设置除了标书要求的基本功能模块外，还应该在此基础上增加两个功能模块：信息安全与网络安全管理模块；人员培训、仪器仪表、设备设施、生产许可证等到期提醒年检年审模块。以使省重大危险源监控平台应用软件系统的建设更符合实际需求。

6.8 重大危险源企业基础信息管理模块设计

实现对全省重大危险源企业基本信息、重大危险源基础信息及相关数据的管理与维护等功能，实现与一期重大危险源申报与危险化学品行政许可管理系统的数据读取。

重大危险源基础信息管理基于 GIS，实现界面如图 6-16 所示。

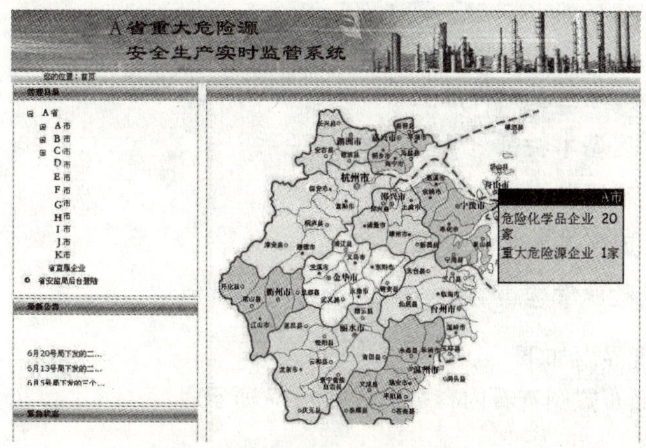

图 6-16 重大危险源基础信息管理基于 GIS 地理信息系统实现界面图

危险源申报登记内容包括生产经营单位基本情况表、储罐区（储罐）、库区（库）、生产场所、压力管道、锅炉、压力容器、煤矿（井工开采）、金属非金属地下矿山、尾矿库、重大危险源周边环境，以及重大危险源的 GIS 地理信息、企业应急预案。

企业基本信息、重大危险源基础信息及相关数据表格在企业概况子模块，目录内容举例如下：

- 企业概况
  - 厂区平面布置图
    - 厂区平面布置图发布
    - 厂区平面布置图查看
  - 企业基本概况
    - 企业基本概况发布
    - 企业基本概况查看
  - 危险源分布情况
    - 危险源分布登记
    - 危险源分布查看
  - 危险源周边环境情况
    - 危险源周边环境情况发布
    - 危险源周边环境情况查看
  - 储罐区基本特征
    - 储罐区基本特征发布
    - 储罐区基本特征查看
  - 库区基本特征
    - 库区基本特征发布
    - 库区基本特征查看
  - 危险源管理

具体实现界面如下。

厂区平面布置图查看内容举例如图 6-17 所示：

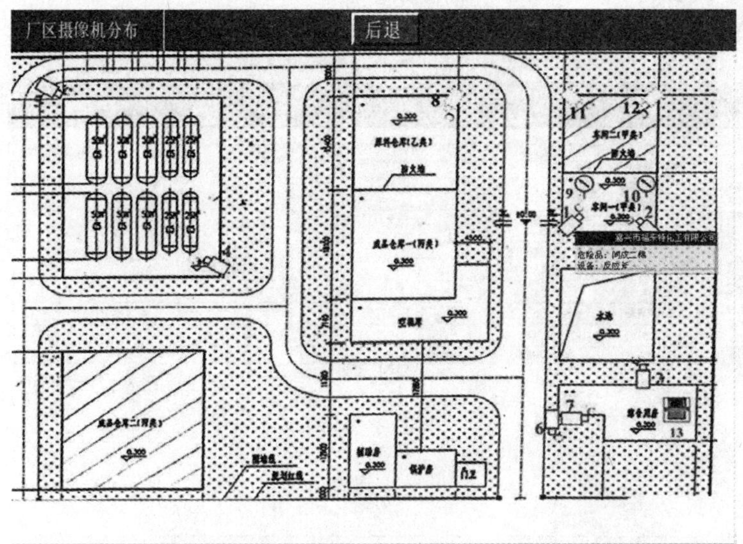

图 6-17　厂区平面布置图查看图

生产经营单位基本情况表如图 6-18 所示：

http://192.168.1.200 - 企业基本概况 - Microsoft Internet Explorer

企业基本情况

安全生产分类管理类别		化工			
单位全称		A 公司			
详细地址					
经济类型		有限责任公司	行业类别		化工
法人代表			建厂日期		2000-01-01
厂区占地面积(亩)		11	建筑面积(平方米)		5000
分管安全领导			联系电话		
安全生产责任书签订份数	车间	1	义务消防队	队长	1
	班组	2		副队长	5
	个人	3		队员数	6
上年度销售收入(万元)		4000	上年度税利总额(万元)		28
职工人数		38	特种作业人数		12
备注					

关闭　打印

完毕　Internet

图 6-18　生产经营单位基本情况表图

重大危险源周边环境基础信息表如图 6-19 所示：

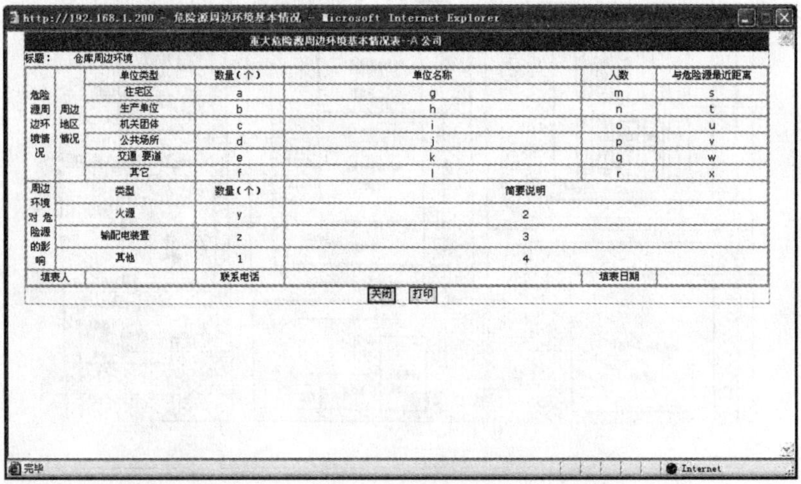

http://192.168.1.200 - 危险源周边环境基本情况 - Microsoft Internet Explorer

重大危险源周边环境基本情况表--A 公司

标题： 仓库周边环境

		单位类型	数量（个）	单位名称	人数	与危险源最近距离
危险源周边环境情况	周边地区情况	住宅区	a	g	m	s
		生产单位	b	h	n	t
		机关团体	c	i	o	u
		公共场所	d	j	p	v
		交通 要道	e	k	q	w
		其它	f	l	r	x
周边环境对危险源的影响		类型	数量（个）	简要说明		
		火源	y	2		
		输配电装置	z	3		
		其他	1	4		
填表人			联系电话		填表日期	

关闭 打印

完毕 Internet

图 6-19 重大危险源周边环境基础信息表图

储罐区基本特征查看表如图 6-20 所示：

http://192.168.1.200 - 安监局 - Microsoft Internet Explorer

编号	656y6y	贮罐区名称	hyhyh
具体位置	3232		
所处环境功能区	商业区	贮罐区面积 (m²)	33
有无堤防	否	堤防所围面积 (m²)	3
贮罐个数	2	罐间最小距离 (m)	32

相同贮罐个数		贮罐编号		贮罐形状		贮罐形式	
罐名称描述							
安装形式		贮罐材质		公称直径		容积	
贮存物质名称	三硝基间苯二酚铅	现存物质总量	0	物质状态		日常最大贮存量	
设计压力		实际工作压力		设计温度		实际工作温度	
设计使用年限		投产时间		进料方式		出料方式	
进料管道	直径		设计压力		实际工作压力		
出料管道	直径		设计压力		实际工作压力		

相同贮罐个数		贮罐编号		贮罐形状		贮罐形式	
罐名称描述							
安装形式		贮罐材质		公称直径		容积	
贮存物质名称	雷（酸）汞	现存物质总量	0	物质状态		日常最大贮存量	
设计压力		实际工作压力		设计温度		实际工作温度	
设计使用年限		投产时间		进料方式		出料方式	
进料管道	直径		设计压力		实际工作压力		
出料管道	直径		设计压力		实际工作压力		

完毕 Internet

图 6-20 储罐区基本特征查看表图

库区基本特征查看表如图 6-21 所示：

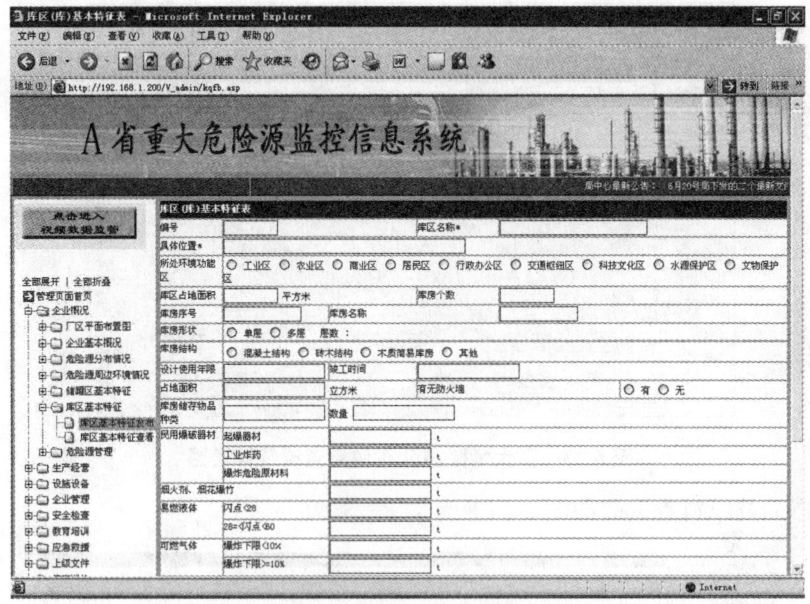

图 6-21 库区基本特征查看表图

重大危险源分布 GIS 信息查询表如图 6-22 所示：

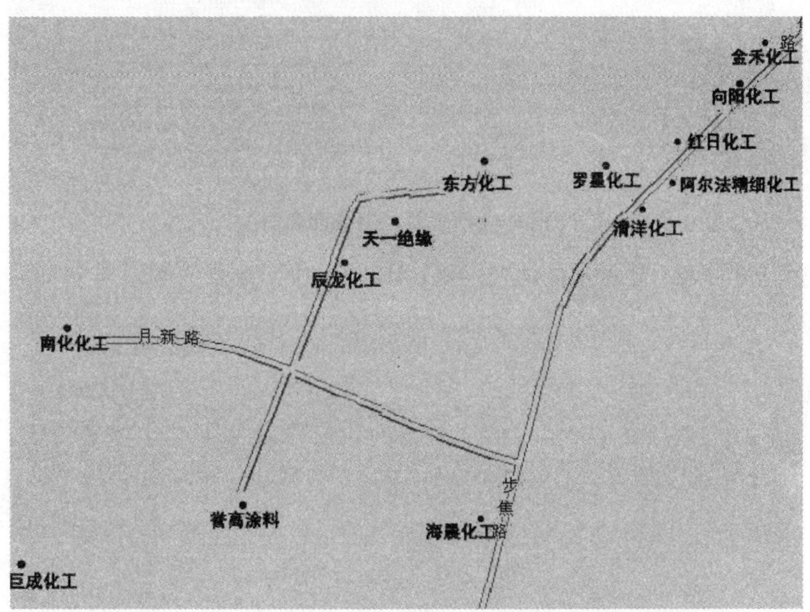

图 6-22　重大危险源分布 GIS 信息查询表图

重大危险源分布信息查询统计表如图 6-23 所示：

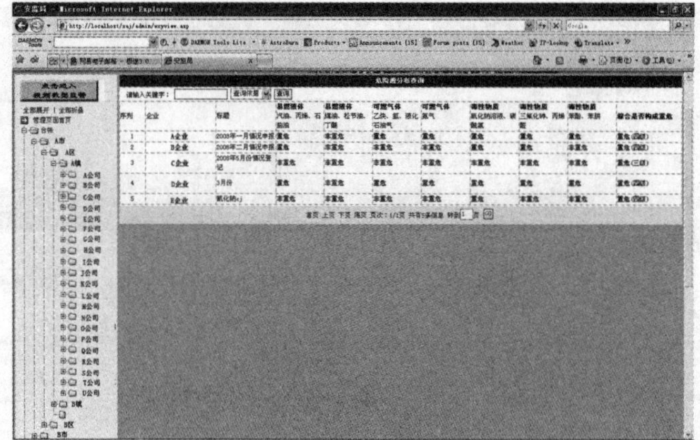

图 6-23　重大危险源分布信息查询统计表图

产品及原料查询表如图 6-24 所示：

产品及原料查询

请输入关键字：　企业名称查询　查询

序号	企业名称	主要产品	主要原材料	添加年份
1	A公司	年产：甲基四氢苯酐4000吨、回收间戊二	间戊二烯2800吨、异戊二烯600吨、顺丁烯二酸酐2600吨、环氧树脂850吨。	2006
2	B公司	年产：N-乙基苯胺（N,N-二乙基间甲苯	苯胺1600吨、间甲苯胺280吨、食用乙醇600吨、丙烯腈300吨。	2006
3	C公司	年产：丙烯酸4万吨、丙烯酸丁酯3万吨、丙	甲苯30200吨、甲醇3920吨、乙醇2410吨、丁醇18064吨、丙烯29200吨、对苯二酚300吨等。	2006
4	D公司	年产：粗苯3000吨、苯1800吨、甲苯	粗苯5000吨、芳烃1000吨、重油15000吨、脂油5000吨。	2006
5	E公司	年产：对甲苯磺酰氯1000吨。	甲苯2296吨、氯磺酸8245吨、液碱589吨、甲苯磺酰胺490吨、粗品对甲苯磺酰氯1200吨、水合肼（80%）204吨等。	2006
6	F公司	年产：丙烯酸及酯类20000吨。	丙烯腈6500吨、正丁醇7000吨、硫酸1000吨、烧碱500吨。	2006
7	G公司	年产：对甲苯磺酰氯350吨。	甲苯1000吨、氯磺酸4000吨、氨水2300吨、粗/邻对位氯1400吨、液碱350吨、焦亚硫酸钠250吨、甲醇300吨等。	2006
8	H公司	年产：吐氏酸151吨、磺化吐氏酸200吨	硝酸200吨、65酸9000吨、、氨水9500吨、甲醇190吨、氨胺1350吨、片碱600吨。	2006
9	I公司	年产：甲基六氢苯酐1000吨、六氢苯酐2	氢气50吨、三氯化磷400吨、苯180吨。	2006
10	J公司	年产： 8411系列无溶剂快固化绝缘树脂	三乙胺900吨、过氧化氢1200吨、、粗对甲苯磺酰氯1600吨、溶剂120# 110吨、酒精100吨、氨水1200吨。	2006
11	K公司	年产：2B油250吨、邻氯苯甲醛200吨	邻氯甲苯、对硝基甲苯、硫酸、液碱、液氯、硫化钠、三氯化苯、硫磺、对氯甲苯、三氯化铁等。	2006
12	L公司	年产：甲基四氢苯酐7000吨、甲基六氢苯	间戊二烯4500吨、异戊二烯1100吨、顺丁烯二酸酐4200吨、氢气10瓶、甲苯220吨、、醋酸乙酯50吨、醋酸丁酯50吨。	2006
13	M公司	[illegible]	[illegible]	[illegible]

图 6-24 产品及原料查询表图

企业负责人、地址、电话查询表如图 6-25 所示：

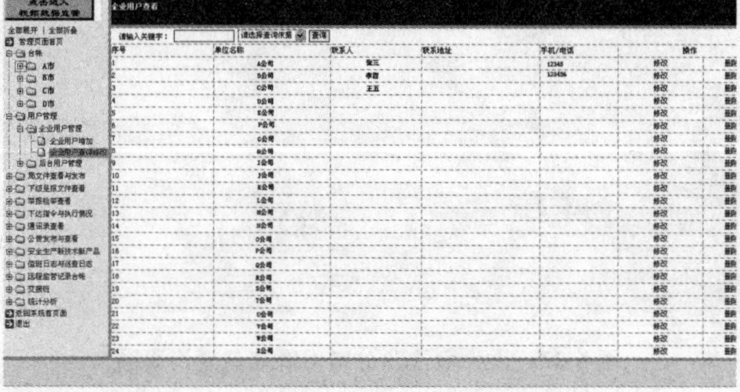

企业用户查看

请输入关键字：　请选择查询依据　查询

序号	单位名称	联系人	联系地址	手机/电话	操作	
1	A公司	张三		12345	修改	删除
2	B公司	李四		123456	修改	删除
3	C公司	王五			修改	删除
4	D公司				修改	删除
5	E公司				修改	删除
6	F公司				修改	删除
7	G公司				修改	删除
8	H公司				修改	删除
9	I公司				修改	删除
10	J公司				修改	删除
11	K公司				修改	删除
12	L公司				修改	删除
13	M公司				修改	删除
14	N公司				修改	删除
15	O公司				修改	删除
16	P公司				修改	删除
17	Q公司				修改	删除
18	R公司				修改	删除
19	S公司				修改	删除
20	T公司				修改	删除
21	U公司				修改	删除
22	V公司				修改	删除
23	W公司				修改	删除
24	X公司				修改	删除

图 6-25　企业负责人、地址、电话查询表图

危险源辨识：系统依据《重大危险源辨识》(GB 18218—2000)，根据物质的危险特性及其数量，对填报的重大危险源进行辨识，支持单个辨识和批量自动辨识两种方式。根据临界量和具体危险源的生产和存储量，筛选出真正的重大危险源。

危险源辨识系统实现的功能与原理如下：

(1) 重大危险源分级监管功能的划分，多种数据上报和发布方案。

(2) 数据信息处理中实现信息在地理信息系统中的动态标注。

(3) 重大危险源动态信息管理、辨识、自动分级。

(4) 地理信息系统的应用，区域风险评估的实现，辅助制定预防措施与应急预案等功能与地理信息系统的集成。

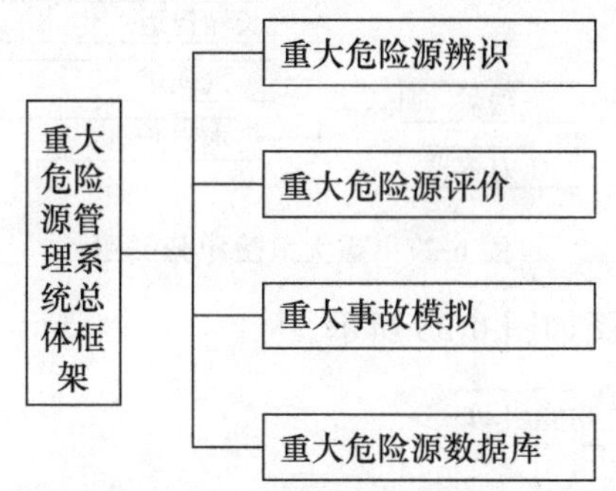

图 6-26　重大危险源管理系统总体框架图

(1) 重大危险源分级监管体系。

重大危险源管理体系目前采用的是省、市、县区、企业 4 级监管体系，在全省范围内建立企业安全监管和各级政府部门管理之间及不同政府管理级别之间分级监管的区别和联系，建立这些管理级别之间管理信息的要求及传递方式，实现信息的有效传递和处理。包括重大危险源信息的上报、审核机制及四级监管体系。

(2) 重大危险源、事故隐患自动辨识、分级、风险评价。

①重大危险源申报登记。

由于省安监局目前第一期已经建成重大危险源的普查登记申报系统，所以首先考虑该系统的基础数据与本系统的数据连接，以辅助重大危险源与事故隐患普查工作的开展，并获取重大危险源与事故隐患的基础数据资料。

②重大危险源辨识分析功能。

其原理如下：

根据各企业上报的重大危险源信息，系统根据重大危险源的辨识标准，判定该企业是否为重大危险源。

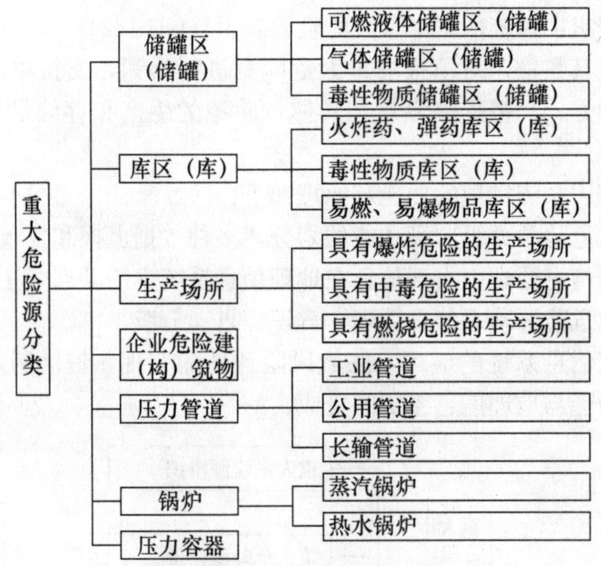

图 6-27　重大危险源分类图

其分类程序流程图如图 6-28 所示。

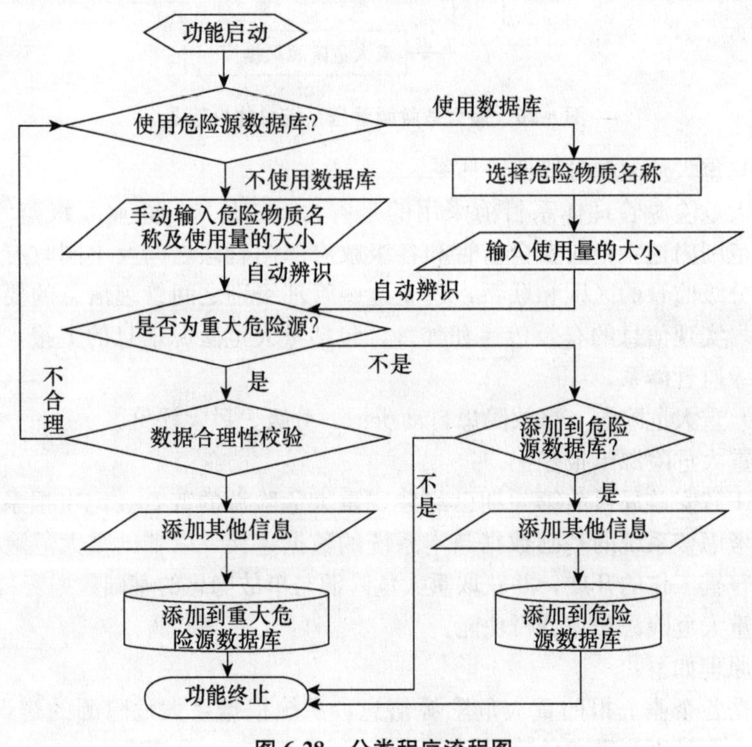

图 6-28　分类程序流程图

③重大危险源自动分级系统。

根据重大危险源的不同类型以及不同的事故模型进行重大危险源自动分级。

分级评价框图如图 6-29 所示。

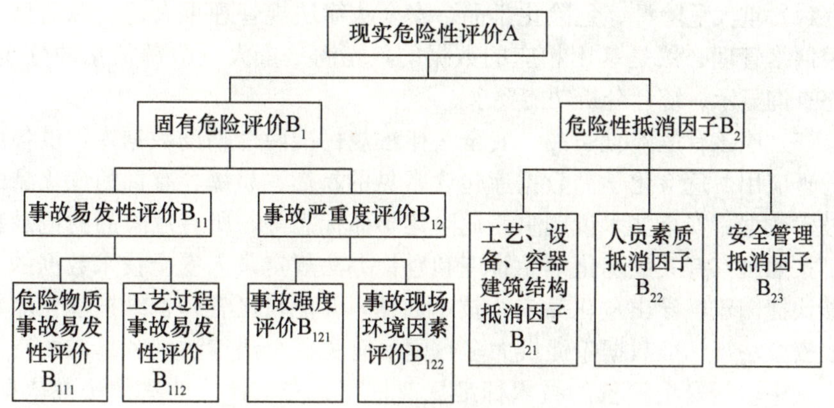

图 6-29　分级评价框图

④重大危险源风险评价系统（见表 6-8）。

表 6-8　重大危险源风险评价系统图

评价方法	主要优点	主要缺点	结果可比性
易燃、易爆、有毒重大危险源评价法	准确度高 方法易掌握	所需资料较多	可比性强
道（DOW）指数评价法	方法有效、易掌握	所需资料多、计算量大	可比性好
重大事故后果分析法	计算简单	结果抽象 结果需大量实践检验	可比性较好

在危险源分级的基础上，考虑各种外部因素的影响，对重大危险源可能产生的危害进行风险评价，研究风险评价方法和模型。

系统能够对危险源数据库里的所有危险源按照不同危险源类型，利用系统内嵌的评价模型自动进行危险源灾害危险程度的模拟与定量评估，评估出危险源可能导致的死亡半径、重伤半径、轻伤半径、财产损失半径等指标，并能动态地在危险源分布的电子地图上直观地显示危险源灾害的影响范围。

(3) 重大危险源、事故隐患预防措施、事故救援应急预案辅助决策由重大危险源、事故隐患信息及其分级、风险评价的结果，系统辅助制定预防措施和事故救援应急预案。

(4) 重大危险源、危险化学品、安全法律法规管理重大危险源信息分级监控网络管理必然是基于相应的数据的，能满足重大危险源信息的分布式、动态查询显示、统计分析功能要求。

(5) 应该有危险化学品、安全法律法规标准两个辅助数据库，供各级安全管理应用。危险化学品数据库包含常见的易燃、易爆、有毒的危化品的安全技术数据，安全技术说明书，危险化学品标志等，所有危险品的记录数据项都按照国家有关危险化学品管理和登记办法规定录入安全技术数据的，用户能快捷浏览，导出危化品安全技术数据，并能自己管理、维护危化品数据库。安全法规标准数据库提供大多数国家有关安全法律法规和标准的查询功能，其中包括安全评价的技术标准规范依据、安全评价的法律法规依据等。可根据国家相关法律法规的调整及时更新，保证用户及时了解最新安全法规信息。见图 6-30 所示。

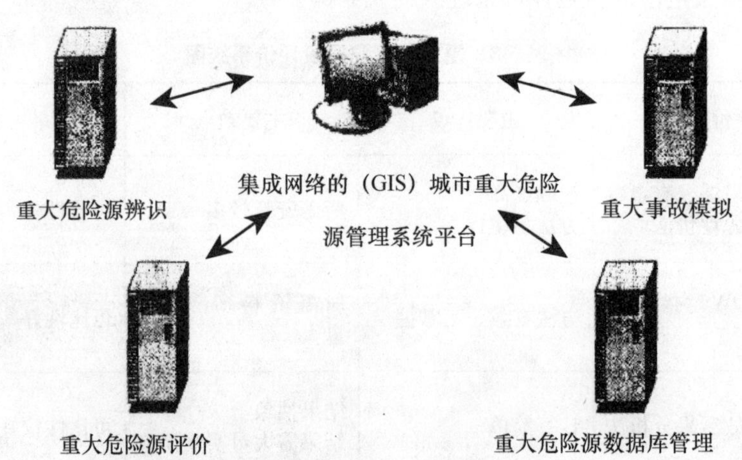

图 6-30 城市重大危险源管理系统平台

评价分级：在筛选出重大危险源后，录入重大危险源评价报告，并根据重大危险源可能造成的事件级别、死亡半径、死亡人数、经济损失等开展重大危险源安全评价与分级，确定重大危险源的级别（一级、二级、三级、四级），以进行监控和报警。分级后的重大危险源存入重大危险源库。

重大危险源评价分级系统的程序流程设计如图 6-31 所示。

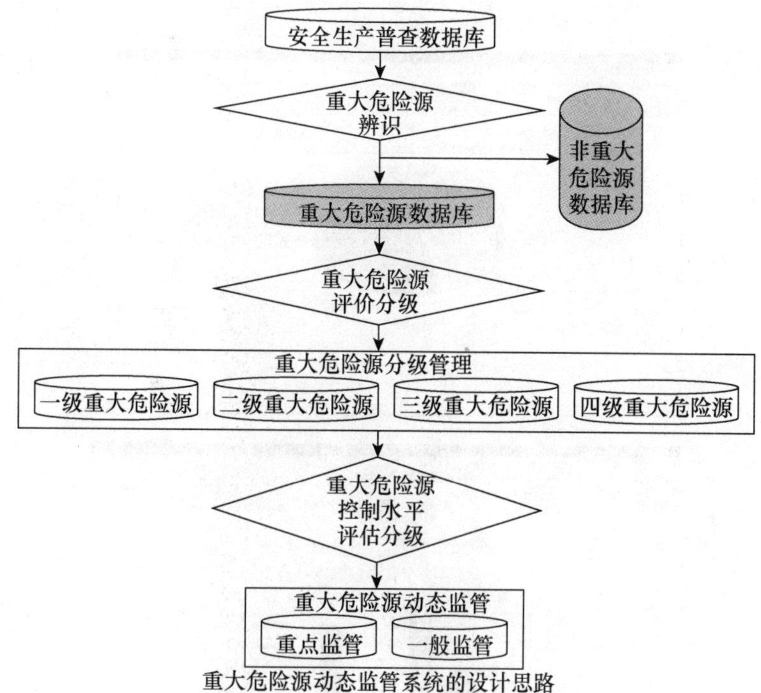

图 6-31　重大危险源评价分级系统的程序流程设计图

重大危险源信息维护：全省重大危险源经过申报、辨识、分级后，应存入省重大危险源数据库并实现与企业基础信息管理子系统相对接，实现日常管理维护。

重大危险源基础信息分析统计（见图 6-32）：实现对省重大危险源信息的查询、汇总和统计等功能，以不同的图表形式（见图 6-33、图 6-34）提供查询统计结果，支持统计结果的导出及打印等功能。

危险源统计

危险源类别 / 组织单位	非金属矿	锅炉	金属矿	库区	尾矿	生产场所	压力管道	压力容器	储罐区
A公司	0	0	0	0	0	0	0	0	0
B公司	0	0	0	0	0	0	0	1	0
C公司	0	0	0	0	0	0	0	0	0
D公司	0	0	0	0	0	0	0	0	0
E公司	0	0	0	0	0	1	0	0	0
F公司	0	0	0	0	0	0	0	0	0
G公司	0	0	0	0	1	0	1	0	0
H公司	0	0	0	0	0	0	0	0	0
I公司	0	0	0	0	0	0	0	0	1
J公司	0	0	0	0	0	0	0	0	0
K公司	0	0	0	0	0	0	0	0	0
L公司	0	0	0	0	0	0	0	0	0
M公司	[illegible]	[illegible]	[illegible]	[illegible]	[illegible]	[illegible]	[illegible]	[illegible]	[illegible]

图 6-32　重大危险源基础信息分析统计

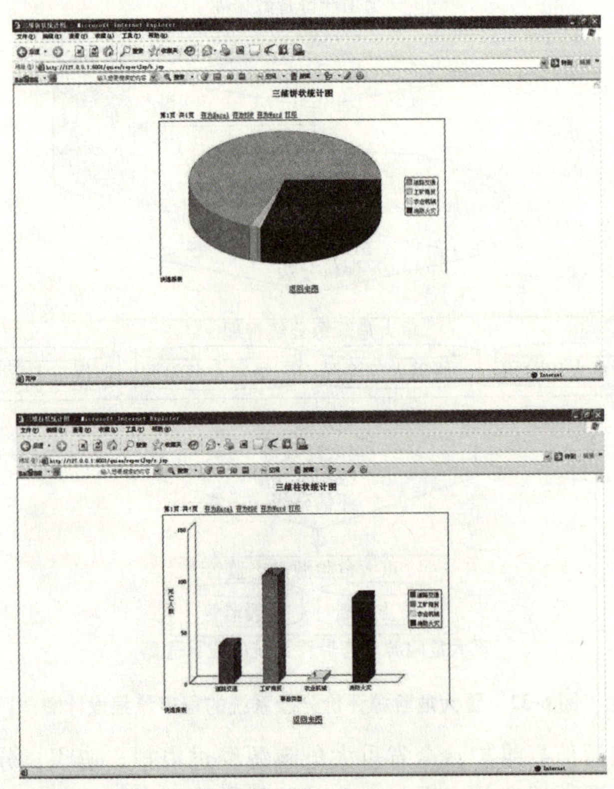

图 6-33　三维饼状统计图

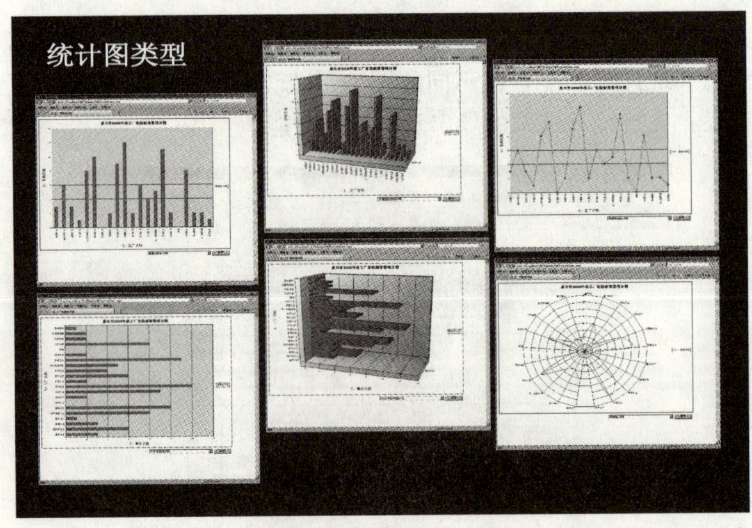

图 6-34　统计图类型图

本系统可实现与应急救援指挥系统的数据交换，重大危险源企业基础信息管理模块同时可实现全省安全评价机构管理功能。

6.9　安监局端网上巡查模块设计

基于 GIS 平台对各个监控点进行集中管理与巡查，通过视频监控设备、数据采集设备对企业危险源监控点进行实时的图像、数据采集与分析。其中，监控点的管理纳入地理信息系统管理范畴。网上巡查应实现单点巡查与系统自动轮巡两种实现方式。自动轮巡应按节点实现权限范围内重大危险源的视频组播功能。基本功能如下：

（1）巡查人员可在 GIS 各图层上随时选择监控点，调取企业端采集的实时数据和图像进行抽查（见图 6-35）。

图 6-35　选择监控点

（2）通过抓图、手动录像、报警录像及定时录像方式保存数据。对报警点、重点监控点进行长周期录像保存。

（3）巡查人员可按需要检索、回放录像资料。

（4）录像监控大屏幕软件界面可提供多种分屏显示功能（见图 6-36）。

（5）可通过安监局端监控平台对所有企业端监控点的监控设施进行远程焦距调节与多方向控制。

（6）显示监控视频的同时显示该视频背景数据，如企业、监控位号、被监控装置、位置和时间等信息。监控点位号在地理信息系统中可设置显示。

（7）可通过 GIS 地图选择对各类危险场所的模拟量或开关量参数进行监测。

（8）可以查阅厂区平面示意图、厂区消防物资分布、反应装置简图和企业应急预案等相关信息。

（9）实现重大危险源监测设备巡查管理功能，监控中心可通过网络实现对重大危险源监控设备运行状况的远程查询，并可记录在案。

图 6-36　分屏显示功能

安监局端网上巡查模块功能详细设计如下：

该模块的主要功能要基本达到国家《重大危险源（储罐区、库区和生产场所）安全监控通用技术规范（征求意见稿）》的要求，内容如下：

（1）通过网络对各类涉及安全生产的重要岗位的人员和操作过程进行监控录像。适合监控场所：安全生产环境监控、重要生产岗位监控、机电运行参数仪表信号的监控、工况监控、人员定位监控、防火灭火监控、其他需监控的种类等（见图 6-37）。

图 6-37　视频监控录像平台

(2) 通过网络对各类涉及安全生产车间、仓库等场所的重要数据（如有毒气体浓度、温度和压力）进行监测，超限时进行报警。适合监控和预警的场所：毒气泄漏监测报警，有关安全生产关键数据采集监测报警，重要生产工艺参数——温度、压力和流量等数据监测报警，机电运行参数——电压、电流和转速等信号的监测报警等（见图 6-38、图 6-39）。

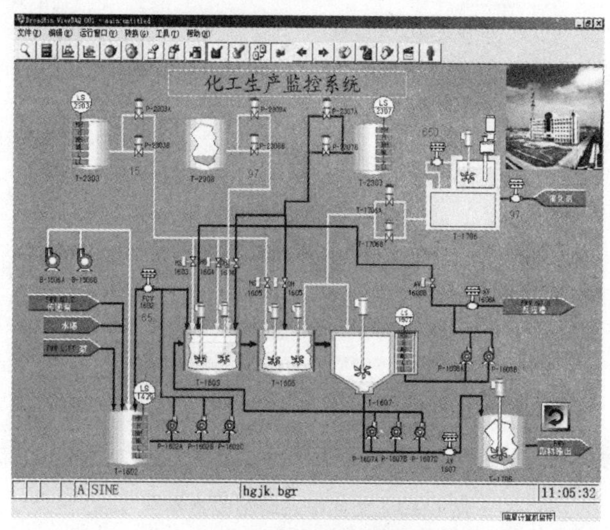

图 6-38　数据采集监控

图 6-39　视频数据同步监控

(3) 通过网络对安全生产管理文件、信息进行网络发放、申报。其主要内容包括：安全管理文件、通知等信息收发和查询；生产设备、仪器仪表的定期安全检查信息的网络申报、有效期到期提醒；安全生产人员名单、培训内容、时间和考核发证的管理；安全生产操作规程与应急处理预案管理；各企业机电设备、压力容器、危险品及有毒化工原料档案（见图 6-40）。

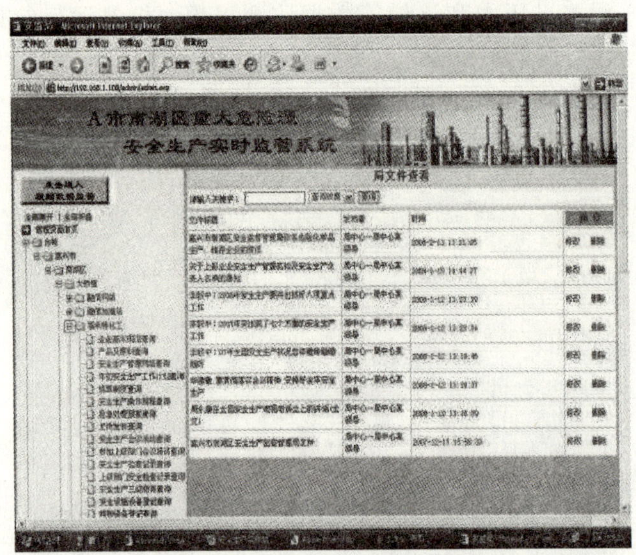

图 6-40　文件报表网络收发平台

（4）通过网络对企业重大危险源发生的事故进行重大危险源应急处理预案的实施和指挥（见图 6-41、图 6-42）。

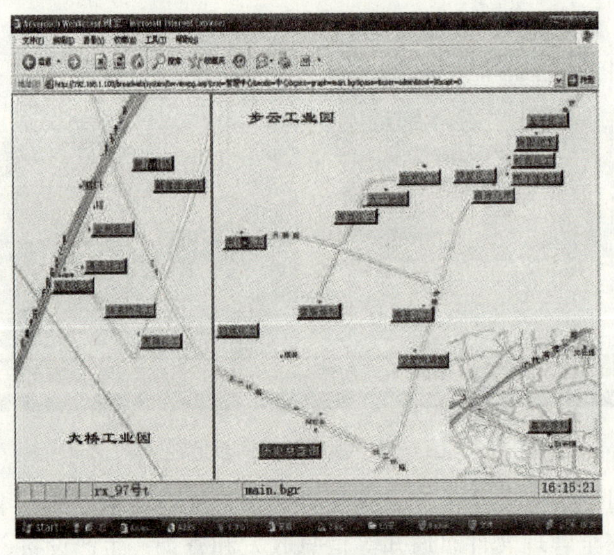

图 6-41　监管中心接警平台

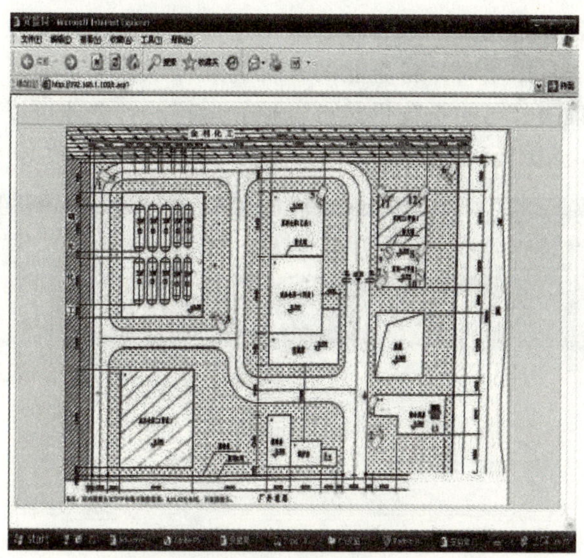

图 6-42　应急预案实施与指挥

（5）通过网络对企业重大危险源的数据进行历史数据记录与查询（见图 6-43）。

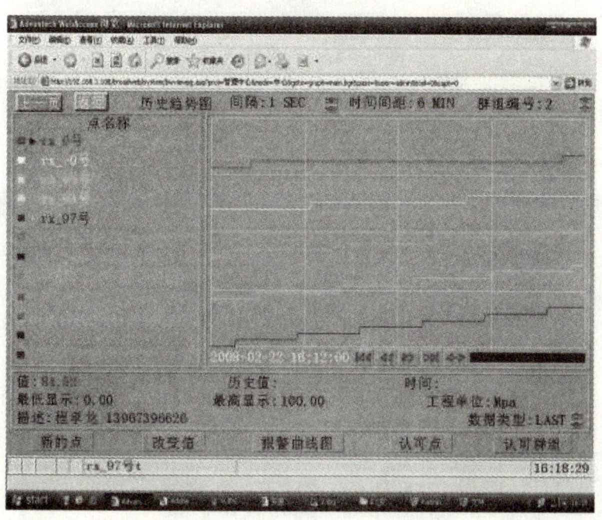

图 6-43　历史数据记录与查询

（6）网络监管权限的分配。

区安监局通过设置用户名和密码，可以监管辖区内全部危化企业的生产、储存等状况，也可以查询各企业所有的历史数据。各企业均自成独立的系统，通过设置用户名和密码可以监管本企业的运行，其他企业无权查看。当与上级主管部门通信有困难时，各企业的系统仍然可以独立运营；当与各子公司通信中断时，集团公司的系统仍然可以独立运行。各企业可以查询本企业所有的历史数据，集团公司可以查询本集团公司所有的历史数据（见图 6-44）。

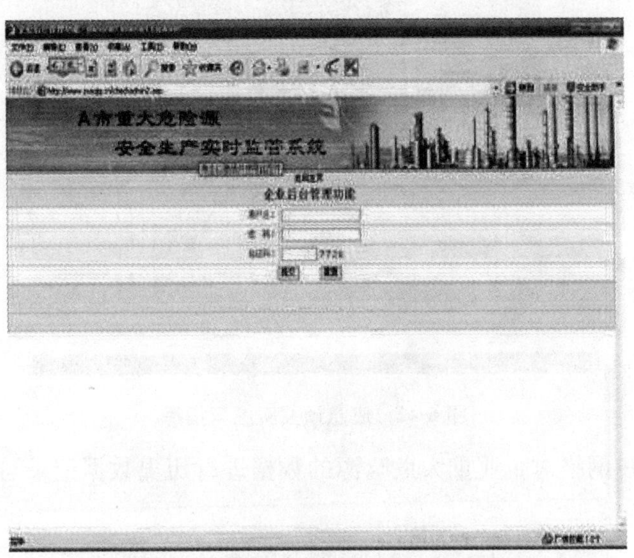

图 6-44　系统登入图

（1）视频查看功能和操作方法。

点击深色区域可以进入接警平台界面，如图 6-45 所示。

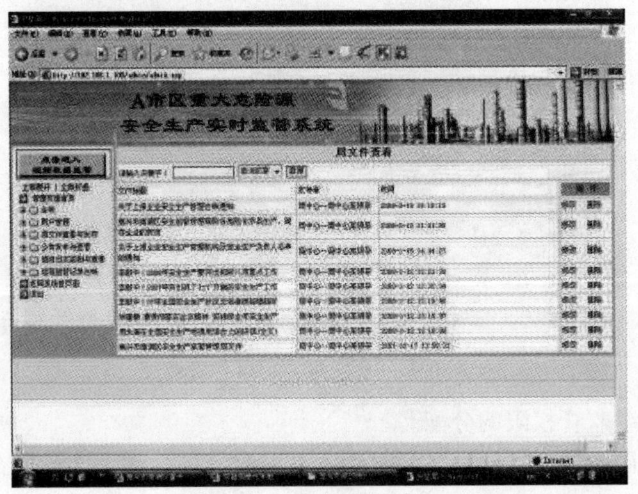

图 6-45　实时监管系统图

图 6-46 所示界面上可以对管理的所有企业进行视频及数据的查看及报警提示。

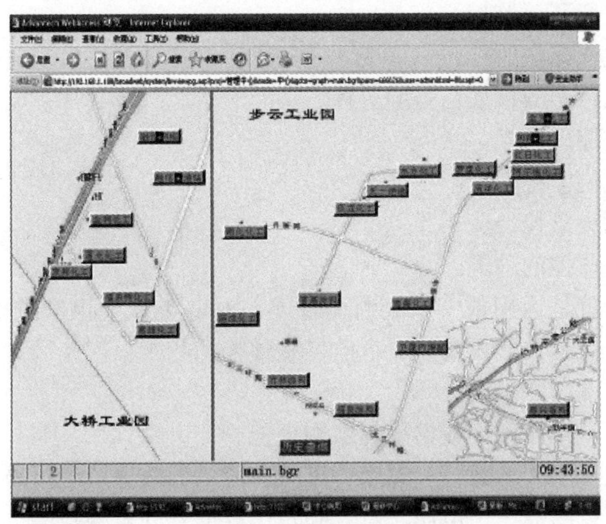

图 6-46　管理界面图

例如查看某个企业，在接警平台界面单击企业名称，进入该企业管理画面，如图 6-47 所示。

图 6-47　企业管理画面图

本界面由视频查看和数据查看组成。

视频查看功能运用数字视频监控技术，对各类安全监测点进行监控，并将图像信号进行数字压缩后上传到网络中图像存储服务器，集成为一个统一的系统平台，便于管理和检索，可节省管理成本，提高生产效率。适合监控的场所：

①安全生产环境监控。

②重要生产岗位监控。

③机电运行参数仪表信号的监控。

④工况监控。

⑤人员定位监控。

⑥防火灭火监控。

⑦其他需监控的种类。

数据查看就是运用数字采集监测技术，对各类重要生产过程环境、工况和库区的全程进行监测预警。适合监控和预警的场所：

①毒气泄漏监测报警。

②有关安全生产关键数据采集监测报警。

③重要生产工艺参数——温度、压力和流量等数据监测报警。

④机电运行参数——电压、电流和转速等信号的监测报警。

⑤其他需监测报警的种类。

用户可以单击下拉框选择不同的监控点。请看图 6-48 红色区域。

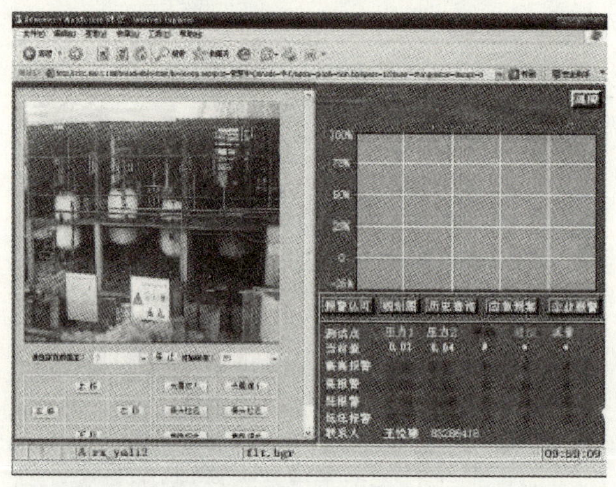

图 6-48

如企业监控点安装有控制操云台，可以进行上移、下移、左移、右移的方向调整，并且可对摄像机进行远程光圈、光距的调节。

（2）中心端矩阵录像的设置与回放。

（3）矩阵的登录、退出及锁定数字矩阵服务器。

启动数字矩阵服务器，出现登录画面，如图 6-49 所示。

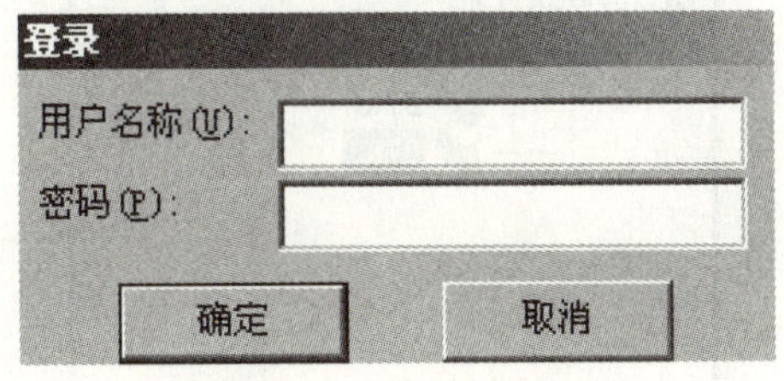

图 6-49　登入界面图

在“登录”窗口中输入下面的用户名和密码，单击“确定”按钮，登录服务器。

默认高级权限用户：用户名为 0；密码为 0。

默认普通权限用户：用户名为 1；密码为 1。

双击系统界面右下方的按钮，自动退出数字矩阵服务器程序。

双击系统界面右上方的按钮，当前用户从数字矩阵服务器中退出，用户将不能进行其他操作，除非再次双击该按钮，重新登录系统（见图 6-50）。

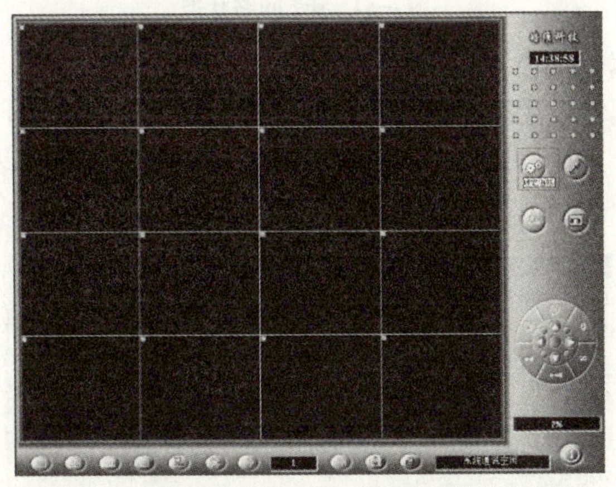

图 6-50　DVR 网络状态图

DVR 网络状态：

DVR 网络状态显示了远程的 DVR 同矩阵的连接状态。双击“DVR 网络状态”按钮，进入 DVR 网络状态界面，最顶端是标题栏：dvr 网络状态；其次是 DVR 所属区域；最下面一层是对应的 DVR（见图 6-51）。

如果 DVR 的前面打绿色的勾，说明该 DVR 同矩阵的网络通信正常，能够正常的连接视频；否则说明 DVR 同矩阵的网络之间的通信出现故障，提示找专业人员排除网络故障。

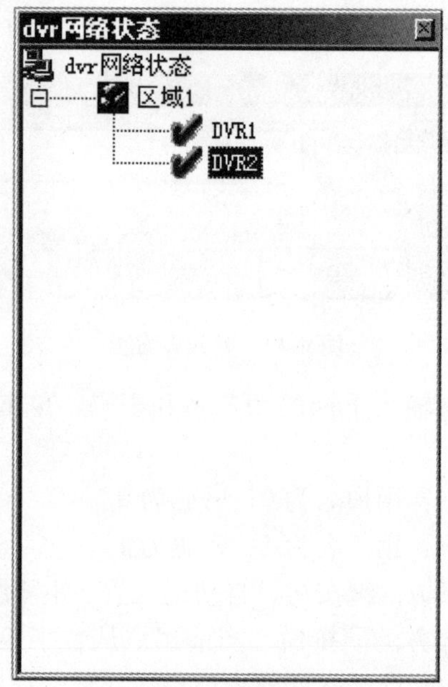

图 6-51　dvr 网络状态

(4) 系统属性设置。

双击系统属性设置按钮，进入系统属性的“设置”窗口。

该“设置”窗口包括“用户设置”、“切换设置”、“工作表设置”、“录像设置”以及“矩阵输出设置”选项卡（见图 6-52）。

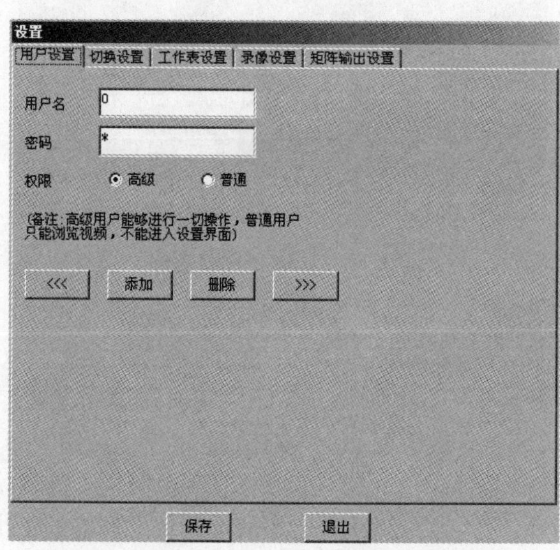

图 6-52　系统属性设置图

①用户设置。

可以通过用户设置来添加和删除用户。

● 添加用户：单击“添加”按钮，输入用户名和密码以及用户权限，再单击“保存”按钮即可。

● 删除用户：通过«和»两个按钮在当前已有用户中切换。选中目标用户后，单击“删除”按钮就可将当前用户删除。

设置完毕，单击“退出”按钮即可。

②切换设置。

单击“设置”窗口中的“切换设置”选项卡进入到切换设置界面（见图 6-53）。

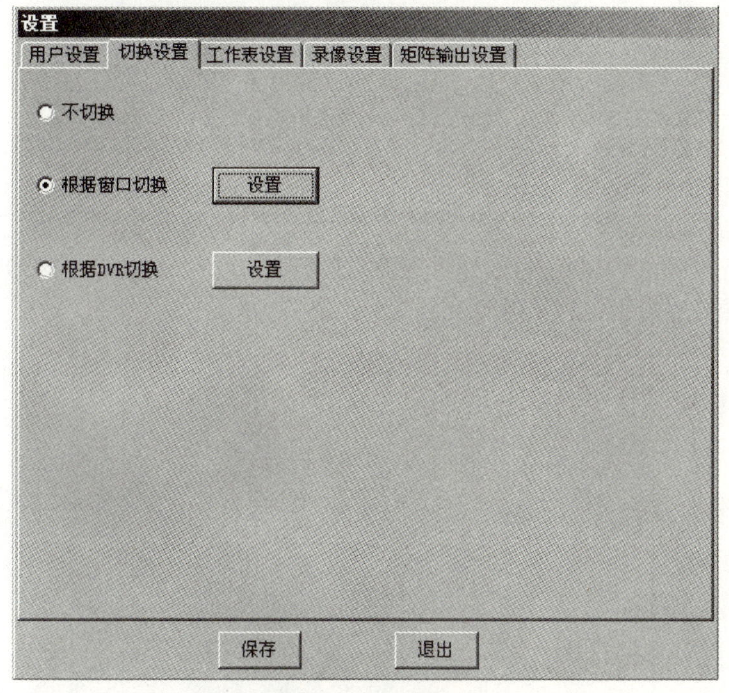

图 6-53　切换设置图

切换设置包括“不切换”、“根据窗口切换”和“根据 DVR 切换”三个选项。

设置完毕，单击“保存”按钮退出。

● 不切换

视频窗口始终是同一路视频，不会切换。

● 根据窗口切换

单击“设置”按钮，进入到切换设置界面（见图 6-54）。

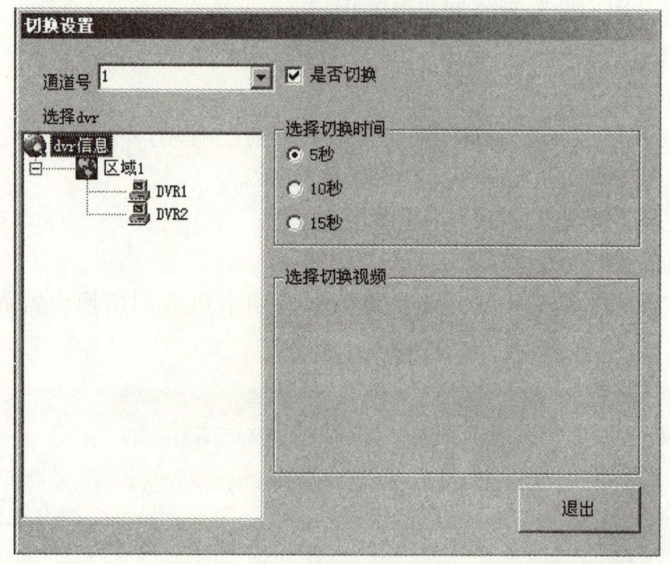

图 6-54　切换设置界面图

首先选择 DVR，在“选择 dvr”列表框中任选一个 DVR，该 DVR 的视频通道出现在右下方（见图 6-55）。

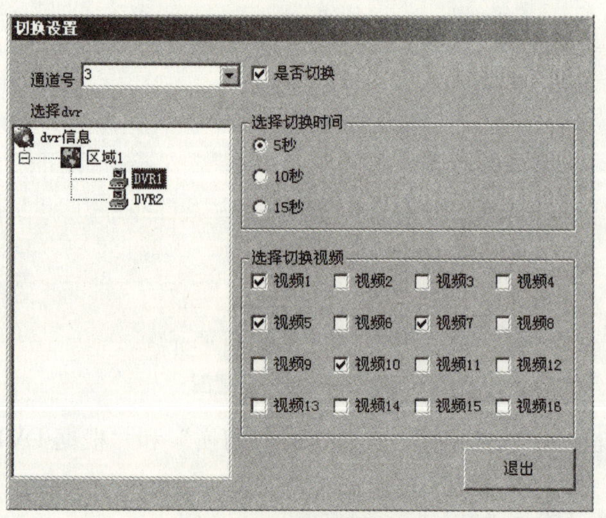

图 6-55　DVR 位置图

其次选择视频通道号，一个 DVR 最多有 16 个视频通道，在“通道号”下拉列表中任选一路视频通道。然后在“选择切换时间”选项区域中选择视频之间切换的时间间隔，任选一个时间设置；再在“选择切换视频”选项区域中选择几路视频，这几路被选中的视频将会在已选的视频通道上不停的切换，切换时间间隔为“选择切换时间”选项区域中设定的时间。

最后如果想要设置生效，选中“是否切换”复选框。

设置完毕，单击“退出”按钮。

● 根据DVR切换

单击“设置”按钮，进入到“切换设置”窗口，可以进行切换时间设置和切换DVR设置（见图6-56）。

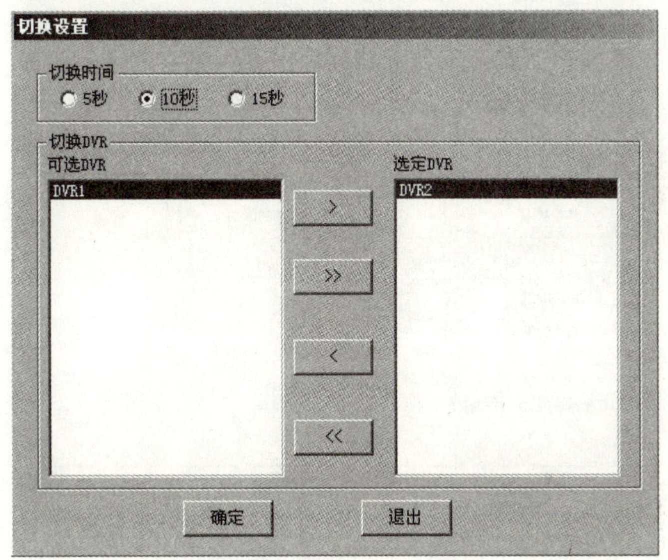

图6-56　“切换位置”窗口

切换时间设置：在“切换时间”选项区域中选择间隔的切换时间。

切换DVR设置：在“切换DVR”选项区域中有“可选DVR”和“选定DVR”两个列表框，“可选DVR”列表框中是所有的已有DVR，可以被选中；“选定DVR”列表框中是已经选定的DVR。确认后，视频主窗口所有的视频将在选定的DVR之间切换。

＞：将“可选DVR”列表框中选中的单个DVR添加到“选定DVR”列表框中。

＞＞：将“可选DVR”列表框中所有的DVR全部添加到“选定DVR”列表框中。

＜：将“选定DVR”列表框中选中的单个DVR撤回到“可选DVR”列表框中。

＜＜：将“选定 DVR”列表框中所有的 DVR 全部撤回到“可选 DVR”列表框中。

设置完毕，单击“确定”按钮退出。

③工作表设置。

在“设置”窗口中选择“工作表设置”选项卡，设置工作表包括选择工作表设置和录像编号、工作日期选择、录像时间及选择工作表（见图 6-57）。

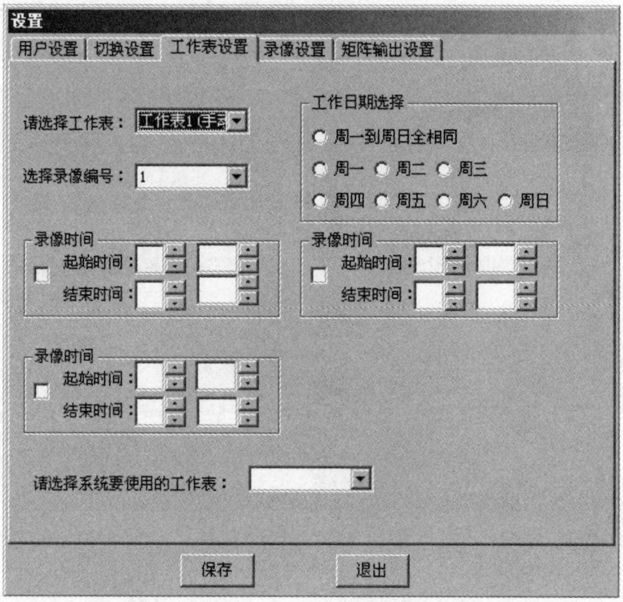

图 6-57　“工作表设置”窗口

可以为 DVR 设置多个工作表，每个工作表的工作时间设置都可以不同。

选择录像编号就是选择要设置的摄像机编号，可以依次来设。在该工作表里，每个摄像机的录像时间设置可以一样，也可以不同。首先选择设置工作日期，可以选择周一到周日全部相同，也可以针对每一天进行不同的设置。

选择设置好的工作表供系统使用。

设置完毕，单击“保存”按钮退出即可。

注意：工作表设置中的所有操作都是立即保存的。即对于任何选择摄像机、工作日期的操作都是立即有效的。如果想取消前面的设置，请选择录像编号重新设置。为了保证设置准确无误，请设置完后再查看一边。

④录像设置。

在“设置”窗口中选择“录像设置”选项卡，进入录像设置界面如图 6-58 所示。

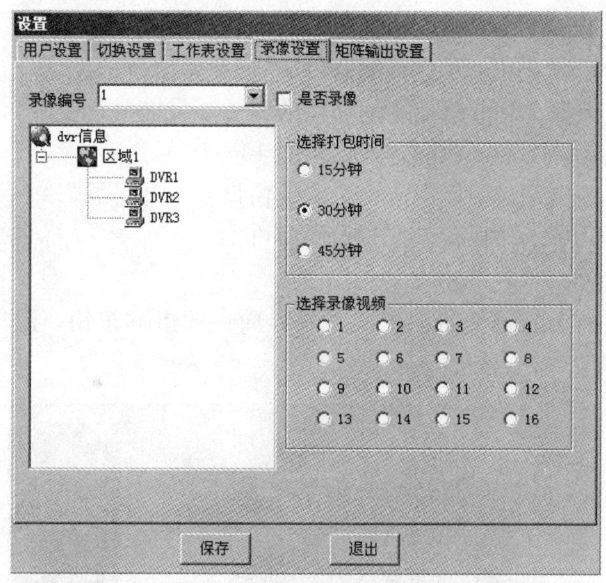

图 6-58　录像设置图

选择录像编号、打包时间以及选择录像视频，选中“是否录像”复选框。

⑤矩阵输出设置。

在“设置”窗口中选择“矩阵输出设置”选项卡，进入矩阵输出界面，设置矩阵输出如图 6-59 所示。

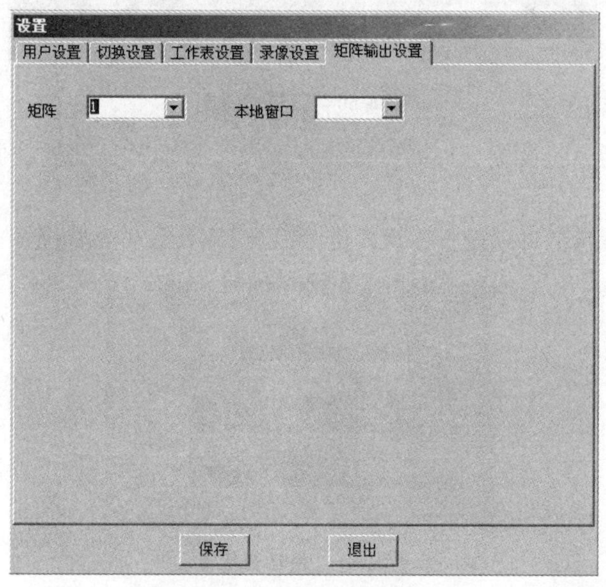

图 6-59　“矩阵输出设置”窗口

矩阵输出端口 1 和 2 对应本地窗口的 1～4 号窗口；

矩阵输出端口 3 和 4 对应本地窗口的 5～8 号窗口；

矩阵输出端口 5 和 6 对应本地窗口的 9～12 号窗口；

矩阵输出端口 7 和 8 对应本地窗口的 13～16 号窗口；

一个矩阵输出端口只能对应一个本地窗口。

设置完毕，单击“保存”按钮退出即可。

⑥回放设置。

双击主界面上的按钮，进入回放界面；双击按钮，退出回放，如图 6-60 所示：

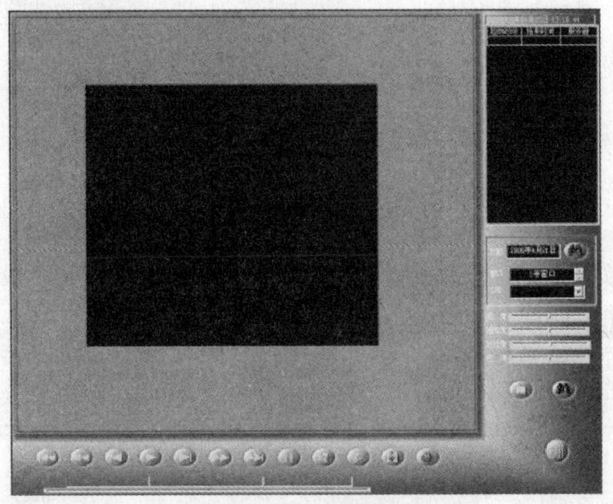

图 6-60　回放设置图

回放包括色彩设置、查询设置、查询及文件播放、播放控制，以及快照和打印。

查询设置包括日期设置、窗口设置以及 DVR 设置，如图 6-61 所示。

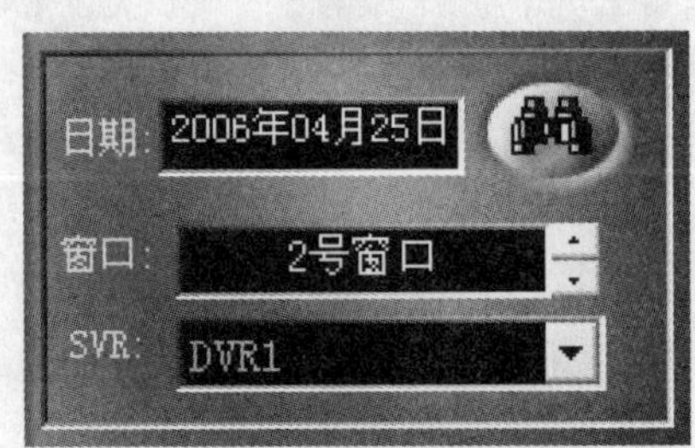

图 6-61　查询设置图

日期设置：单击按钮，调出日期选择窗口，再单击关闭，如图 6-62 所示：

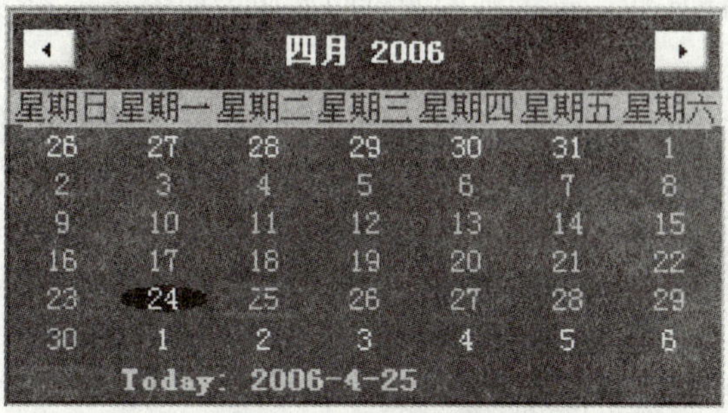

图 6-62　日期设置图

通过单击年份，如图 6-62 中的 2006，可以向前和向后调整年份。

通过单击标题栏上的左右方向按钮向前和向后调整月份。

通过单击日期栏中的日期，选择具体的日期。

窗口设置：通过单击向上、向下滑杆条调整查询的视频窗口。

DVR 设置：单击下拉框，在其中任选一个 DVR。

色彩设置包括亮度、饱和度、对比度和色调，通过拖动滑杆条调整（见图 6-63）。

图 6-63　“色彩设置”窗口

查询：单击按钮，查询到的文件就会显示在上方的列表栏中。

文件播放：可以通过双击来播放列表栏中查询到的文件，也可以在其中选择一个文件，单击按钮播放。其中包括到文件头、快退、单侦退、播放、单侦进、快进、到文件尾、暂停、回放倍速以及画面缩放，如图 6-64 所示。

图 6-64　“文件播放”窗口

⑦快照及打印。

快照：单击按钮，拍下回放视频的快照。

打印：双击按钮，进入到图像打印界面，如图 6-65 所示；

图 6-65　图像打印界面图

：双击放大图像；

：双击缩小图像；

：双击将图像另存；

：双击删除图像；

：双击打印图像；

：双击退出。

⑧视频显示模式及视频关闭。

本软件支持的视频显示为三种：单画面、4 画面和 16 画面三种。

双击按钮，视频窗口变为单画面；

双击按钮，视频窗口变为 4 画面；

双击按钮，视频窗口变为 16 画面；

双击按钮，视频窗口中所有的视频全部关闭。

本地开始/停止录制视频及录像状态。见图 6-66a。

图 6-66a

单击任意一路视频窗口，该视频窗口的序号显示在文本框中。

如果该路视频没有录像，双击按钮可以让该路视频窗口开始录像。

如果该路视频正在录像，双击按钮可以让该路视频窗口停止录像。

录像状态区域显示了当前有多少路视频正在录像。其中指示灯绿色时表示该路视频空闲，没有录像；红色指示灯表示该路视频正在录像。见图 6-66b。

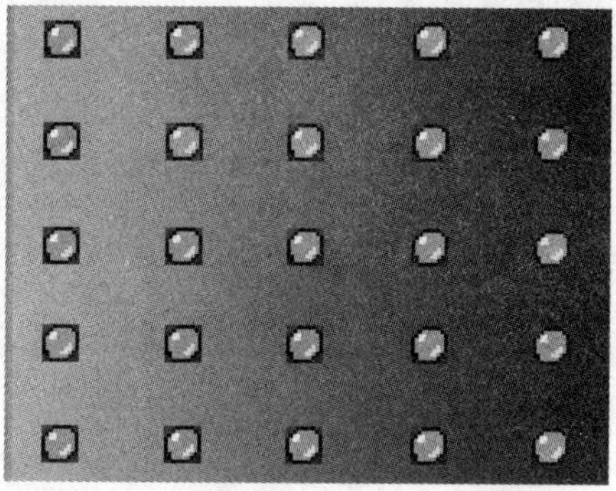

图 6-66b

- 远程客户端的操作
- DVR 配置

安装完成后并且已经获得远程 DVR 的相应资料，启动客户端，在登录窗口中输入客户端默认的高级用户（用户名：1；密码：1），登录客户端。登录客户端后，首先必须配置 DVR 信息。在菜单栏中选择“设置”→“DVR 配置”命令，进入“DVR 配置”对话框，就可以开始配置 DVR 服务器的信息。该对话框是不允许移动的。见图 6-66c。

图 6-66c

DVR 配置窗口包括 4 个部分：列表栏、区域设置（设置 DVR 所属区域）、添加 DVR 配置和修改 DVR 配置。

- 列表栏

列表栏在 DVR 配置界面的左半部分，Windows 风格的分层结构，最顶层是标题栏，次层是 DVR 所属区域信息，第三层是 DVR 名称，第四层是 DVR 的 IP 地址信息、视频通道数、报警器数，其中视频通道数下面包括具体的视频通道，报警器数下面包括具体的报警器（刚完成安装的客户端里列表栏为空，需要添加区域、添加 DVR，这将在后面讲到)，如图 6-67 所示：

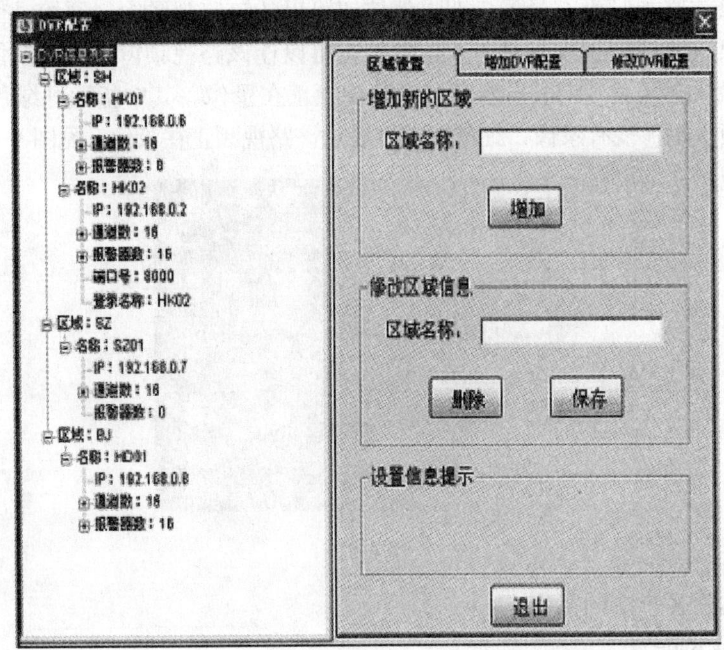

图 6-67

1. 标题栏

标题栏的标题为“DVR 信息”，该栏是列表栏的根目录，处于列表栏目录的最顶层。

2. 区域信息

区域信息是 DVR 信息的子目录，处于列表栏目录树的次层，表示 DVR 所属的具体区域的信息，其后面就是具体的区域名称。

3. DVR 名称

DVR 名称是 DVR 区域信息的子目录，处于列表栏目录树的第三层，表示某个区域下的一个 DVR 名称，其后面就是具体的 DVR 名称。

4. DVR 信息

DVR 信息是 DVR 名称的子目录，处于列表栏目录树的第四层，其下包含该 DVR 的所有相关信息：DVR IP、视频通道、报警器。

DVR IP：表示 DVR 服务器的网络 IP 地址。

视频通道数：表示 DVR 服务器最多能够输出的视频通道的总数，范围为 1～16，其下还有子目录，包括具体的视频通道。

视频通道 1：表示 DVR 服务器第一个视频通道，其后面是该视频通道的名称，其默认值是视频通道 1。

视频通道 2：表示 DVR 服务器第二个视频通道，其后面是该视频通道的名称，其默认值是视频通道 2，后面依此类推。

报警器数：表示 DVR 服务器最多支持的报警器数目，范围为 1～16，其下还有子目录，包括具体的报警器。

报警器 1：表示 DVR 服务器第一个报警器，其后面是该报警器的名称，其默认值是报警器 1。

报警器 2：表示 DVR 服务器第二个报警器，其后面是该报警器的名称，其默认值是报警器 2，后面也依此类推。

嵌入式 DVR 端口：表示连接到嵌入式 DVR 服务器上使用的端口，只有嵌入式 DVR 才需要指定端口。

嵌入式 DVR 用户名：表示连接到嵌入式 DVR 服务器上使用的登录用户名，只有嵌入式 DVR 才需要使用登录用户名，如图 6-68 所示：

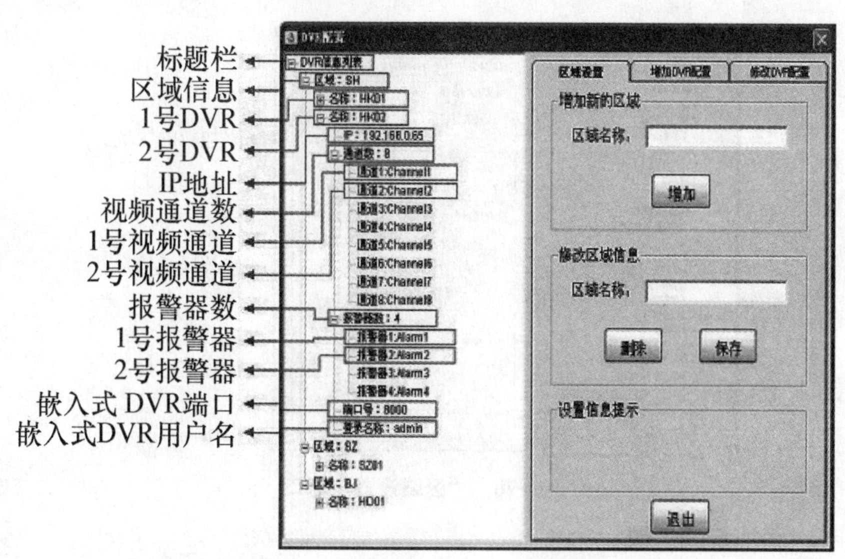

图 6-68　“DVR 用户名”窗口

以上是列表栏最基本的结构信息，通过后面介绍的区域设置，添加 DVR 配置，修改 DVR 配置来增加、删除和修改 DVR 所属区域信息和 DVR 自身信息，列表栏信息会自动修改。实际操作时可以在列表栏中单击选择对应的操作对象。注意，一个区域可以对应多台 DVR，但每台 DVR 只能属于一个区域。

● 区域设置

选择“区域设置”选项卡，就可以进入区域设置界面，如图 6-69 所示：

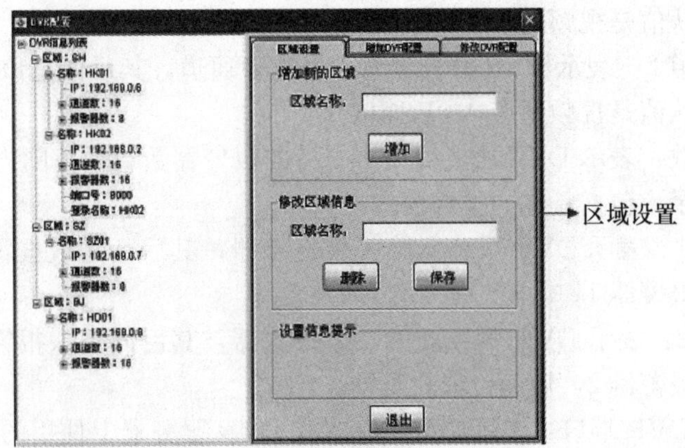

图 6-69 “区域设置”窗口

区域设置包括 4 个部分：添加新的区域、修改区域信息、设置信息提示和退出，如图 6-70 所示：

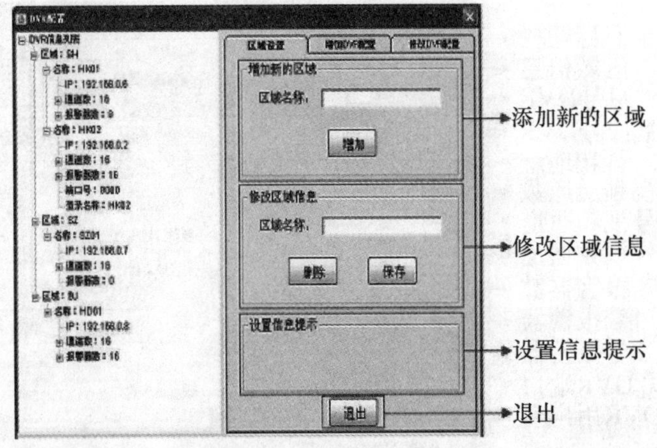

图 6-70 “区域设置”窗口

1. 添加新的区域

在“添加新的区域”选项区域中的“区域名称”文本框中输入想要添加的区域名称，然后单击“添加”按钮，就可以在左边的列表栏里看见刚添加的区域名称。

注意：新添加的区域名不能同列表栏里已有的区域名同名。

2. 修改区域信息

在左边的列表栏里选择区域名称，该名称会自动显示在“修改区域信息”选项区域中的“区域名称”文本框里，直接进行修改，完成后单击“保存”按钮（注意：修改后的区域名称不能和已有的区域名称相同）。如果要删除某个区域名称，先在列表栏选择该区域，直接单击“删除”按钮即可。如果该区域下面 DVR 信息不为空，则无法删除该区域。

● 增加 DVR 配置

选择“增加DVR配置”选项卡，就可以进入增加DVR配置界面，如图6-71所示：

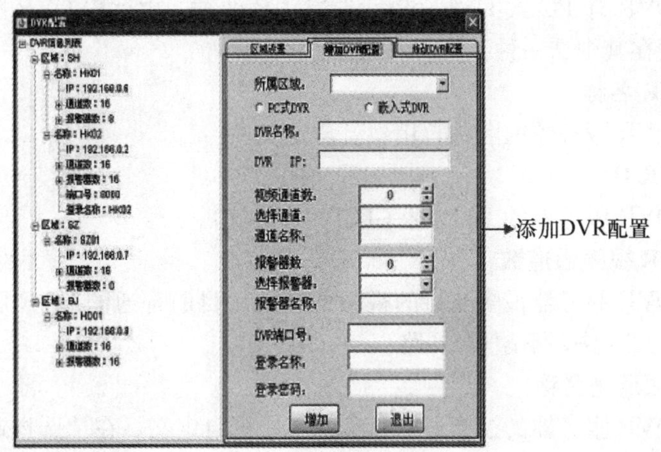

图 6-71 增加 DVR 配置图

添加 DVR 配置的用途：主要是添加新的 DVR，并对新添加的 DVR 进行必要的信息配置。配置前，必须先获取相应的远程 DVR 信息，其中 DVR 所属区域、DVR 类型、DVR 名称、DVR 的 IP 地址和 DVR 视频通道数都是必须输入的信息。具体某一路视频通道的名称，报警器数及报警器的名称，用户可以根据实际情况选择输入，也可采用默认设置，如图 6-72 所示：

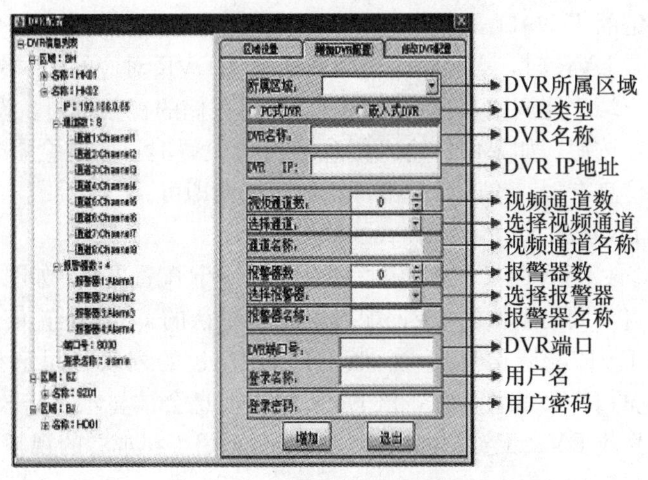

图 6-72 添加 DVR 配置图

1. DVR 所属区域

在“所属区域”下拉列表里选择区域，如果列表里没有，请到“区域设置”选项卡中添加该区域 。

2. DVR 类型

目前 DVR 有 PC 式 DVR 和嵌入式 DVR 两种，由远程 DVR 服务器类型决定，必须在其中选一种。

3. DVR 名称

远程 DVR 服务器的名称，用户可自定义。

4. DVR IP

远程 DVR 服务器的 IP 地址（TCP/IP 协议）。

5. DVR 视频通道数

远程 DVR 服务器最多支持的视频通道数。目前普通的 DVR 服务器视频通道数有 4～16 路，不超过 16 路。

6. 视频通道名称

远程 DVR 服务器的视频通道名称，用户可自定义。在“选择通道”下拉列表中选择要修改名称的通道，直接在“通道名称”文本框中修改即可。也可采用默认设置（默认第一个视频通道名称是视频通道 1，后面依此类推）。

7. 报警器数及报警器名称

远程 DVR 服务器最多支持的报警器数为 16 位，报警器名称用户可以自定义（注意：需要报警功能，必须要有前端 DVR 服务器报警组件的支持）。

8. DVR 端口号、登录名称及密码

DVR 端口号、登录名称及密码是专门针对嵌入式 DVR 的。嵌入式 DVR 一般都有固定的 IP 端口（默认为 8000），固定的用户名及密码。客户端在访问远程嵌入式 DVR 时，必须指定访问的嵌入式 DVR 对应的 IP 端口，用户名及密码，客户端才能调用其视频和访问它上面存储的视频资料。设置完成后，单击“添加”按钮，如果用户输入信息不符合设置时，系统会自动提示用户那里输入的信息有误，修改后单击“添加”按钮即可。

- 修改 DVR 配置

选择“修改 DVR 配置”选项卡，进入修改 DVR 配置界面，如图 6-73 所示：

系统会自动调出默认的 DVR 配置信息（默认的 DVR 配置信息为列表栏中最靠前的 DVR 配置信息）。当然，可以在左边的列表栏里选择要操作的 DVR 或相应的 DVR 配置信息，该 DVR 配置信息会被显示在修改 DVR 配置信息栏中（修改 DVR 配置信息时，建议暂时关闭正在观看的视频主窗口上的视频）。

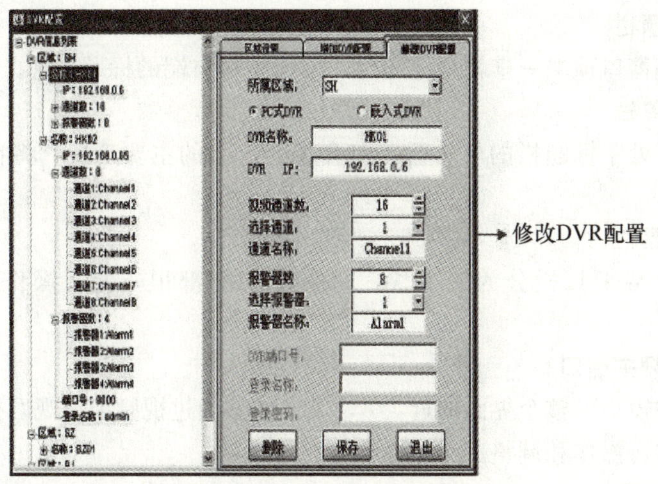

图 6-73　修改 DVR 配置界面

9. 删除 DVR 配置信息

要删除 DVR 配置信息，在列表栏中选择好对应的 DVR，然后单击“修改 DVR 配置”选项卡中的“删除”按钮，该 DVR 的配置信息将被删除，并且在列表栏中的 DVR 信息也会自动随之更新。

● DVR 网络客户端主界面

DVR 网络客户端主界面包括 4 大部分：标题栏、菜单栏、工具栏和视频主窗口，如图 6-74 所示：

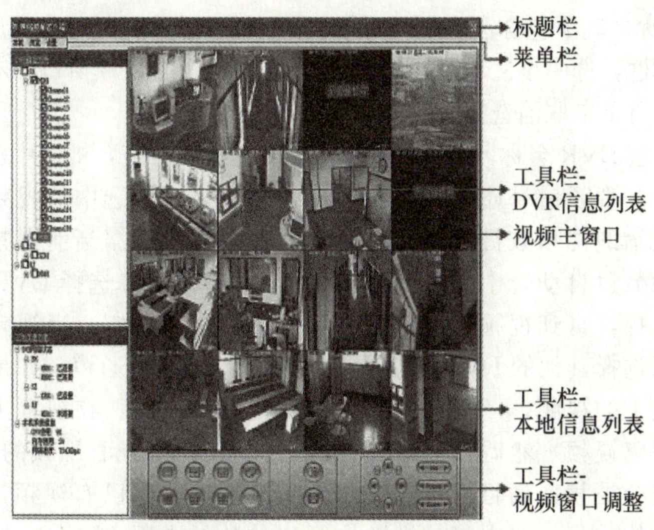

图 6-74　DVR 网络客户端主界面图

1. 标题栏

客户端窗口顶端一排就是标题栏，标明了客户端的标题名称。

2. 菜单栏

菜单栏处于标题栏的下一行，包含了客户端的主要功能，将在后面章节详细介绍。

3. 工具栏

本客户端工具栏分为三大块，每一块功能都很丰富，操作也很方便、快捷。

4. 视频主窗口

视频主窗口占整个界面的近 3/4，用户能够通过视频窗口观看视频，并对视频窗口进行操作和调整。

工具栏

本客户端工具栏分为三大块，由“DVR 信息列表”，“本地信息列表”及“视频窗口调整工具栏”组成，每块功能各异，操作简单、方便、快捷。

(1) DVR 信息列表。

DVR 信息列表窗口位于客户端窗口的左上方，本客户端安装完成启动后，初始默认设置为空，可以通过在菜单栏中选择“设置”→“DVR 配置”命令来配置本栏。配置完成后，客户端会自动更新配置信息，并显示在 DVR 信息列表中。

DVR 信息列表也是采用 Windows 分层结构，最顶层是区域信息，次层是 DVR 名称，其下包含了该 DVR 的每路视频通道。可以单击顶层区域信息前面的小方框，选中该区域，以标识目前正在观看的视频窗口中有来自该区域的视频，再单击取消选择。

单击次层 DVR 名称，可以选中该 DVR 的视频通道，被选中的视频通道会将该通道的视频信号通过视频主窗口显示出来，被选中的视频通道和视频主窗口显示的视频数目永远是相等的。客户端会根据当前视频主窗口显示的窗口的数目自动选中同等数目的 DVR 视频通道。选择 DVR 视频通道按照顺序选择，直到视频主窗口排满为止，不够则为空。当视频主窗口排满，还可以选择其他的 DVR，但是不能选中新的视频通道。如果想看其他的视频通道上的视频，一是可以通过更换视频的方法：在视频主窗口上单击其中的一路视频，然后在网络 DVR 信息里选择要查看视频的视频通道，该路视频就会被替换为目标视频。二是如果不想关闭已有视频，可以增加视频主窗口的数目（要求当前视频主窗口的数目少于 16 路），通过视频窗口显示模式切换增加视频主窗口的数目，然后直接在网络 DVR 信息里选择要查看视频的视频通道，该路视频就会显示在目标窗口中。也可以选择特定的没有视频信号的窗口，以便视频按照目标顺序输出。再次单击次层 DVR 名称，则会将该 DVR 的所有被选中的视频通道全部关闭，同时视频主窗口相应的窗口中的视频也会被关闭。单击 DVR 名称或视频通道名称，让鼠标在网络 DVR 信息工具栏里停留 1～2s，就可以查看当前 DVR 的 IP 地址，如图 6-75 所示：

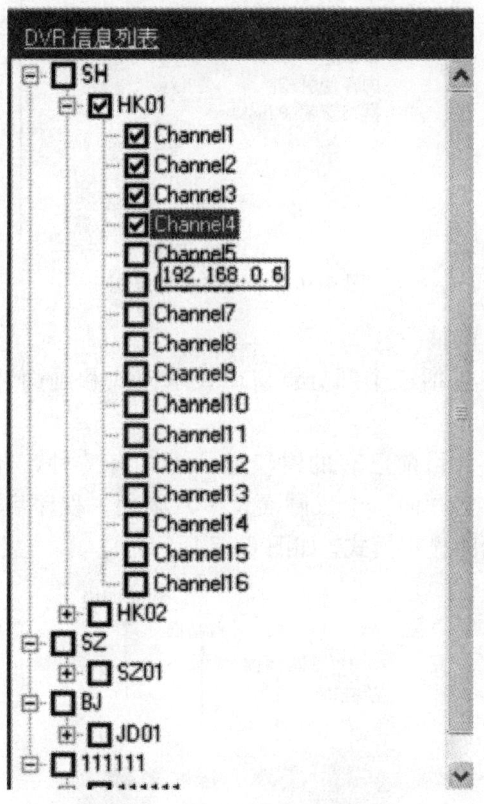

图 6-75　DVR 的 IP 地址图

（2）本地信息列表。

本地信息列表显示本地服务器信息，处于客户端窗口的左下方，沿用了 DVR 信息列表、DVR 设置里面的 Windows 风格的分层结构。它有两个顶层：远程 DVR 连接状态和本地系统信息。远程 DVR 连接状态显示了所有的远程 DVR 和本客户端的连接状态，包括已连接和未连接两种状态，并且可以实时自动更新连接状态；本地系统信息包括三个部分：当前 CPU 使用率，当前内存使用率及当前网络传输速率，如图 6-76 所示：

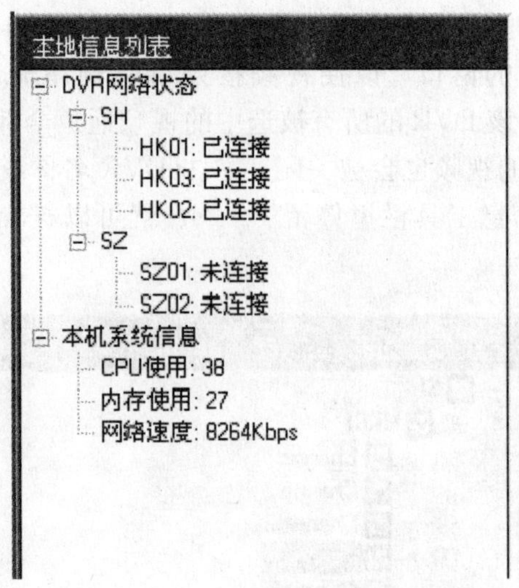

图 6-76　本地信息列表图

（3）视频窗口调整。

视频窗口调整包括三个部分：窗口显示模式和画面切换、抓图和全屏、PTZ 云台控制。

窗口显示模式：目前已有的窗口显示模式有 7 种，即单画面、四画面、六画面、九画面、十画面、十三画面及十六画面。程序启动完成后，默认窗口显示模式为四画面显示模式，如图 6-77 所示：

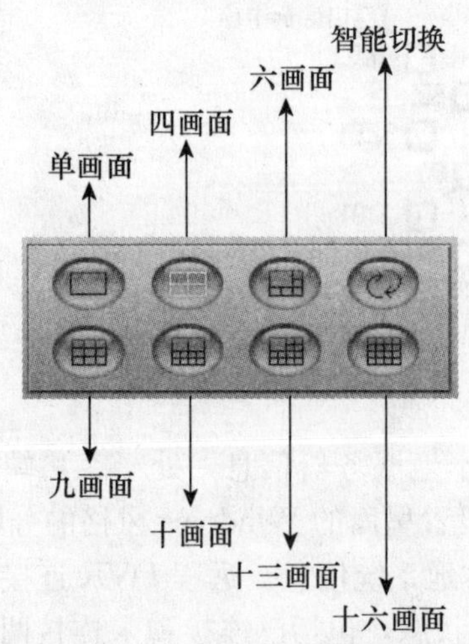

图 6-77　窗口显示模式图

云台控制：云台控制用来控制云台的移动方向，其中云台可移动的方向有 8 个，依次为左上、左下、右上、右下、正左、正右、正上、正下（注意：云台控制只对带云台的摄像机有用，而对固定摄像机无效），如图 6-78 所示：

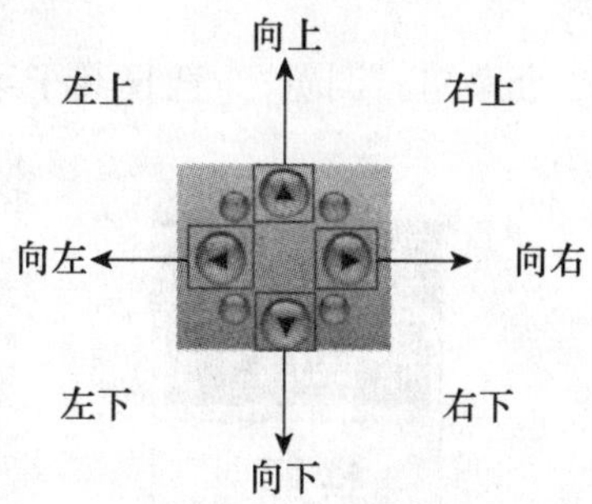

图 6-78　云台控制图

- 系统登录、注销及关闭

程序启动时，系统提示登录界面，输入用户名及密码，单击“确定”按钮，就可以进入客户端程序。如果输入的用户名或密码有误，系统会提示无效输入，单击“确定”按钮，重新输入即可。如果还是无法登录，请与我们联系（系统默认初始设置的高级用户，用户名称：1，用户密码：1。系统初始默认设置的普通用户，用户名称：2，用户密码：2。）。不同的用户登录客户端，操作权限不同。高级权限用户拥有全部权限，可以配置 DVR，添加和删除所有其他用户，而普通权限用户则没有这些权限，如图 6-79 所示：

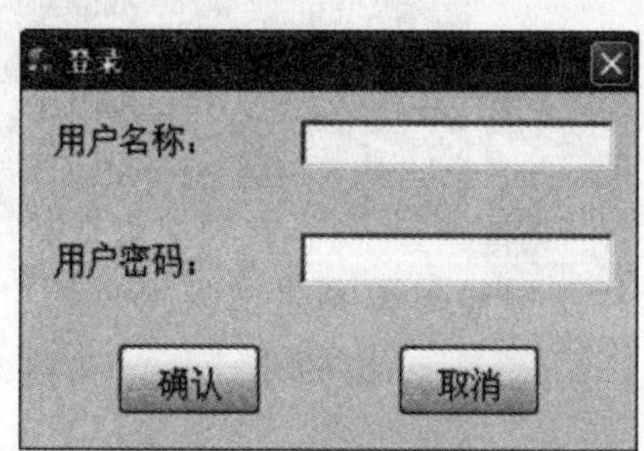

图 6-79　系统登录界面图

系统退出：

选择菜单栏中的第一个菜单“本机”，可以看见“登录”被选中，表明已有用户登录客户端；同理，“退出”被选中，表明没有用户登录客户端。确认已有用户登录客户端，单击“退出”，当前用户将从客户端退出。“本机”菜单的“退出”将被选中，表示当前没有用户退录到客户端（注意：用户退出后，如果视频主窗口中有视频没有在用户退出前被手动关闭，则用户此时还能够观看视频，但是无法操作视频）。

选择菜单栏中的“本机”→“退出”命令，客户端将自动关闭。

● 回放

选择菜单栏中的第二个菜单“浏览”，选择其子菜单“回放”，进入回放功能界面，如图 6-80 所示：

图 6-80

回放定义：

通过网络查询存储在远程 DVR 服务器上的历史视频资料，以确定特定时间、特定地点所发生的事情。也就是将存储的视频重新播放，通过查询得到目标视频文件，如图 6-81 所示：

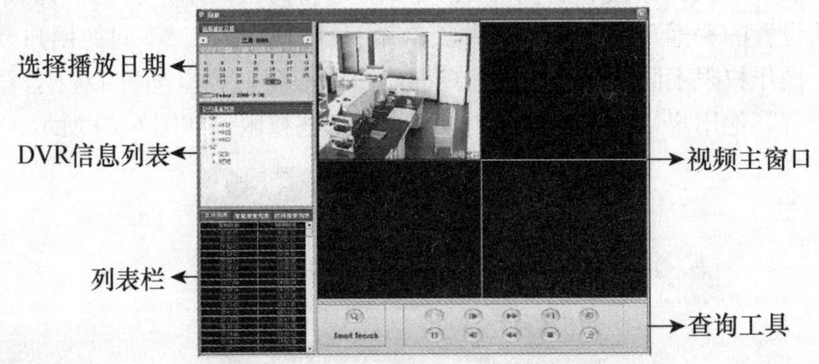

图 6-81

回放界面包括 5 个部分：选择播放日期、DVR 信息列表、列表栏（文件列表栏、智能搜索列表栏、时间搜索列表栏）、查询工具、视频主窗口。

回放窗口说明：

1. 选择播放日期

处于回放界面的左上方，选择播放日期是用来选择查询的目标视频文件的日期。

可以通过和键来调整月份，单击按钮，日期将自动后退一个月；同理，单击？按钮，日期将前进一个月，如图 6-82 所示。

图 6-82　选择播放日期图

2. DVR 信息列表

处于回放界面的左中间，DVR 信息列表中包含了所有的远程 DVR 服务器及其对应的视频通道，通过选择对应的 DVR 上的视频通道，与该 DVR 的视频通道对应的视频文件会自动显示在列表栏的文件列表中，如图 6-83 所示。

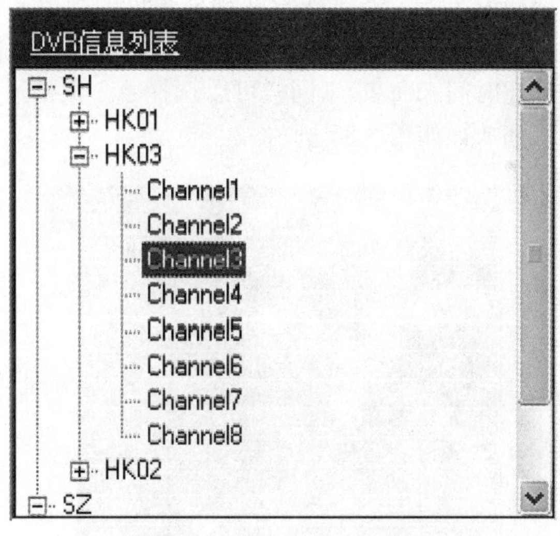

图 6-83　DVR 信息列表图

3. 文件列表

处于回放界面的左下方，文件列表栏中的每一栏代表一个视频文件，该视频文件有一个起始时间和结束时间，这样能够很清楚地看出每个文件记录视频的时间范围，如图 6-84 所示。

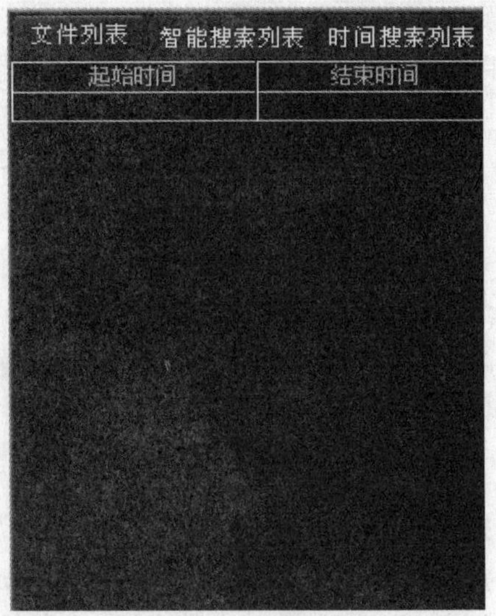

图 6-84　文件列表图

4. 智能搜索列表

处于回放界面的左下方，通过搜索文件列表里的视频文件得到特定的视频文件。该视频文件会依次排列在智能搜索列表栏中（其中的视频文件一样是按照该视频的起止时间来命名），同样可以选择单个文件播放，也可以同时拖选多个文件依次播放，如图 6-85 所示。

文件列表　智能搜索列表　时间搜索列表

起始时间	结束时间
11:25:34	11:25:44
[illegible]	11:25:55
11:26:15	11:26:25
11:26:27	11:26:37
11:27:39	11:27:49
11:28:34	11:28:44
11:28:49	11:28:59
11:29:29	11:29:39
11:30:04	11:30:14
11:30:27	11:30:37
11:30:57	11:31:07
11:31:12	11:31:22
11:32:34	11:32:44
11:33:03	11:33:13
11:33:21	11:33:31
11:33:33	11:33:43
11:34:04	11:34:14

图 6-85　智能搜索列表图

5. 时间搜索列表

处于回放界面的左下方，通过界定视频的起始和结束时间，搜索特定时间范围内的视频文件，搜索到的文件会依次排列在文件列表栏中，然后再点击播放，如图 6-86 所示。

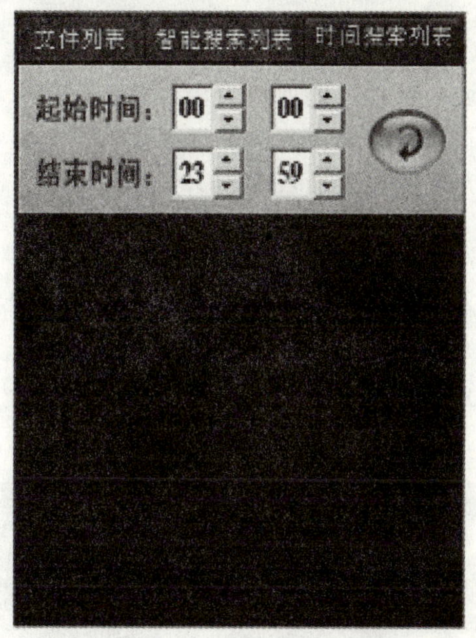

图 6-86　时间搜索列表图

6. 回放查询工具

处于回放界面的右下方，回放查询工具用来调整和操作视频主窗口播放的历史视频文件，以便更迅速、更快捷、更准确地找到目标视频记录。其中包括 4 组查询工具，第一组：播放和暂停；第二组：单侦进和单侦退；第三组：快进和快退；第四组：播放倍速调整和停止播放，如图 6-87 所示。

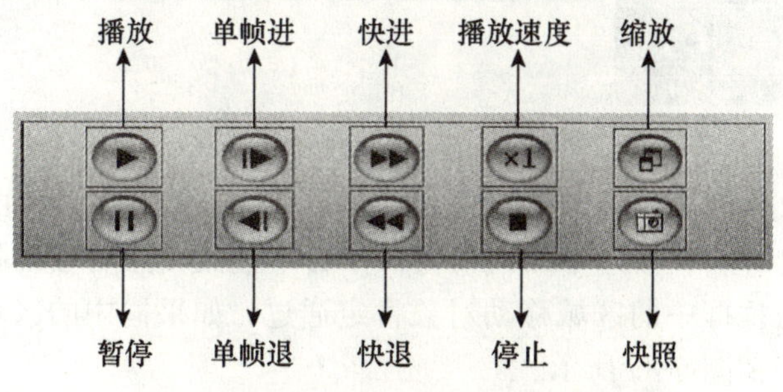

图 6-87　回放查询工具图

7. 视频主窗口

视频主窗口位于窗口的右上方，默认为四视频窗口，而且总有一路视频是处于被选中状态。视频主窗口用来显示播放视频，可以实现单路视频查询和四路视频查询。

8. 智能搜索

智能搜索是DVR网络客户端最大的特色之一，它能够在一组视频文件中自动搜索目标区域内移动过的所有对象，并将每一个移动对象都以一个独立的视频文件记录下来。该视频文件以列表的形式显示在智能搜索列表中，然后单击播放。智能搜索列表中的文件会自动顺序播放，也可以单击选择播放。

- 智能搜索

(1) 首先在视频主窗口中选择播放视频的窗口，然后选择查询的具体日期，其次选择查询的DVR的视频通道（也就是选择某个区域的DVR上的一个视频通道），该DVR的视频通道文件会自动显示在文件列表栏中，如图6-88所示。

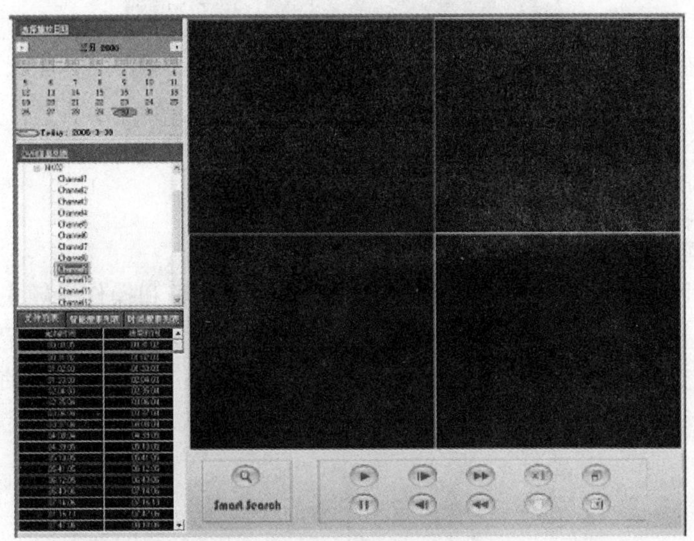

图 6-88　DVR 的视频通道文件

(2) 在文件列表中选择一个或一组视频文件，该组被选中的文件名称会以红色显示，并会在被选中的视频窗口中自动播放，然后在视频中拉一个方框，确认该方框框中的区域移动对象肯定通过。如果框中的区域有偏差，可以重新画框，如图6-89所示。

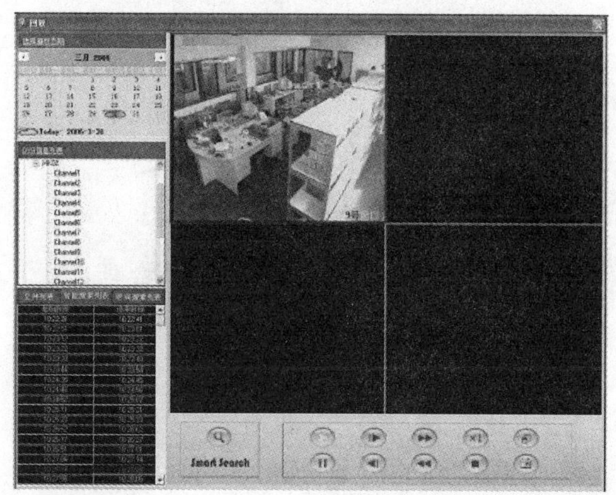

图 6-89

（3）单击智能搜索按钮，搜索到的结果会显示在智能搜索文件列表栏中。在该组文件中搜索到的每个文件第一个结果都会用黄色字符来显示，以示区分。每一个结果文件都表示该段时间内有移动对象通过。单击其中的文件播放，正在播放的文件的名称会以红色显示，并且播完一个文件后，会自动跳到下一个文件自动播放。后面通过操作回放工具，能够在最短的时间内找到目标信息，相较传统方法节省了大量时间和人力，如图 6-90 所示。

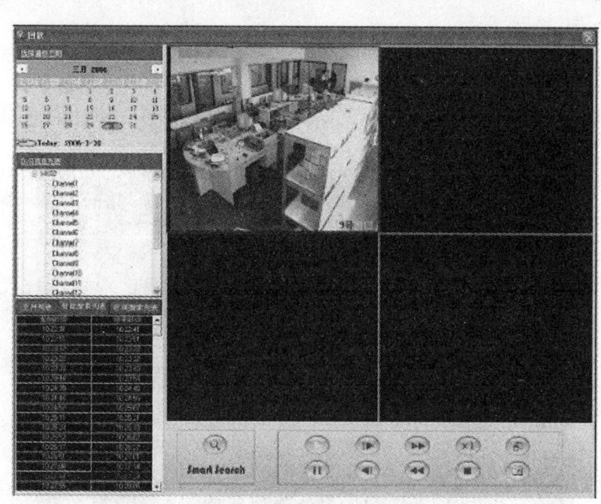

图 6-90

（4）快照

选择菜单栏中的“浏览”→“快照”命令，进入“快照”窗口。快照用来查看图片（“快照”查看的图片是通过抓拍工具抓拍到的图片，该图片存放在客户端安装目录下的 bmp 文件夹里面），如图 6-91 所示。

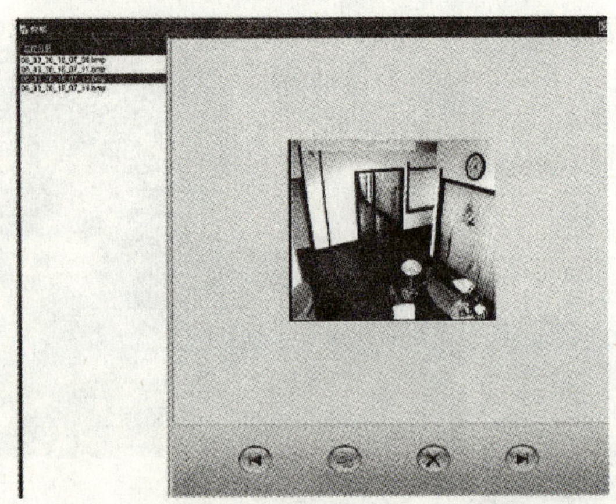

图 6-91

● 图片列表栏：处于图片查看界面的左边，该图片按照图片抓拍的先后顺序排列。

● 图片显示窗口：处于图片查看界面的右上方，显示抓拍到的图片。

● 图片处理工具：上一张、下一张、删除、另存为 4 种，上一张和下一张用来切换当前显示窗口中的图片；删除用来删除选中的图片；另存为将选中的图片存储到其他目录里。

● 远程对企业端一体机的操作

● 查看历史录像

● 如何查看历史录像

在企业一体机打开的如下界面双击红色区域按钮，如图 6-92 所示。

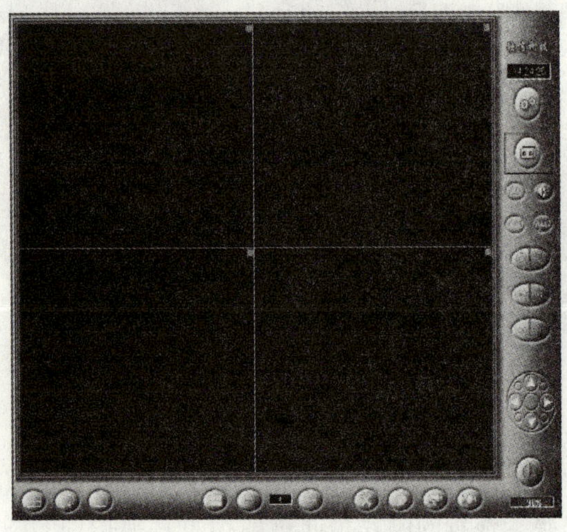

图 6-92

进入如下界面（见图 6-93）双击红色区域按钮可以选择所需调看历史录像的日期，在日期下的窗口选项中选择各视频历史图像。

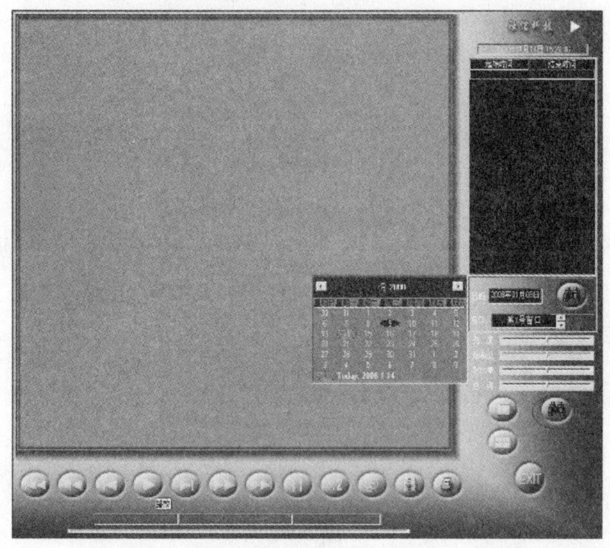

图 6-93

- 双击上图的蓝色椭圆区域，进入如下界面，如图 6-94 所示。

图 6-94

- 录像的回放

选定一个时间段双击，如图 6-95 所示，在图像的下方红色区域中的按钮，把鼠标移动到相应位置会出现中文操作提示（如快进、暂停和播放等）。

图 6-95

- 智能搜索查询

在回放录像界面上可进行智能搜索查询，用鼠标在录像界面划一个方框确定位置，单击右键会出现命令提示（如所有方向、从左往右、从上往下、从下往上）功能，如图 6-96 所示。

图 6-96

如单击“从右往左”，会立刻搜寻出“从右往左”时间段的事件，如图 6-97 所示。

图 6-97

● 数据查看功能和操作方法

数据查看就是运用数字采集监测技术，对各类重要生产过程环境、工况和库区的全程进行监测预警。适合监控和预警的场所：

①毒气泄漏监测报警。

②有关安全生产关键数据采集监测报警。

③重要生产工艺参数——温度、压力、流量和浓度等数据监测报警。

④机电运行参数——电压、电流和转速等信号的监测报警。

⑤其他需监测报警的种类。

例如查看某个企业，在接警平台单击企业名称，进入界面如图 6-98 所示。

图 6-98

在此界面的右侧可以对企业的压力、温度、液位值报警信息进行查看，各命令按钮功能如下：

● 报警认可：当有报警信息提示时，报警栏会有信息闪动警示，危险解除后，单击此按钮恢复正常。

● 规划图：当发生危险事故时，单击该按钮可以显示现场平面布置图，便于进行协调指挥，如图 6-99 所示。

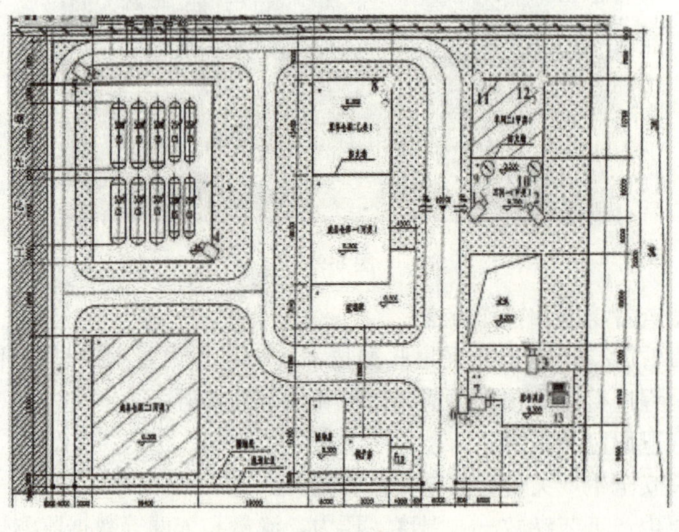

图 6-99

● 应急预案：单击“应急预案”按钮可以调看该企业的应急预案信息，如图 6-100 所示。应急预案是根据企业安评报告进行严格输入，由企业定期的上报。

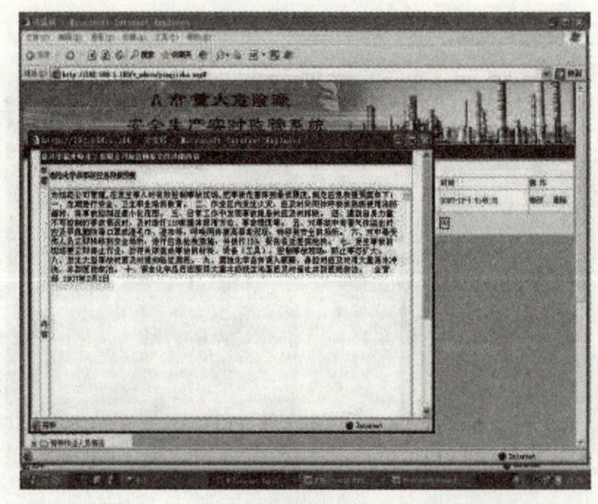

图 6-100

● 企业报警：当企业单击“向中心报警”时，此按钮进行红色报警提示。

● 历史查询：可以调看该企业报警日志及智能调看历史数据的信息。

单击“历史查询”按钮出现图 6-101 所示界面。可以查询相关历史报警信息（具体时间发生的报警）、数据历史趋势和历史报警认可信息（确认报警认可时间和认可人）。

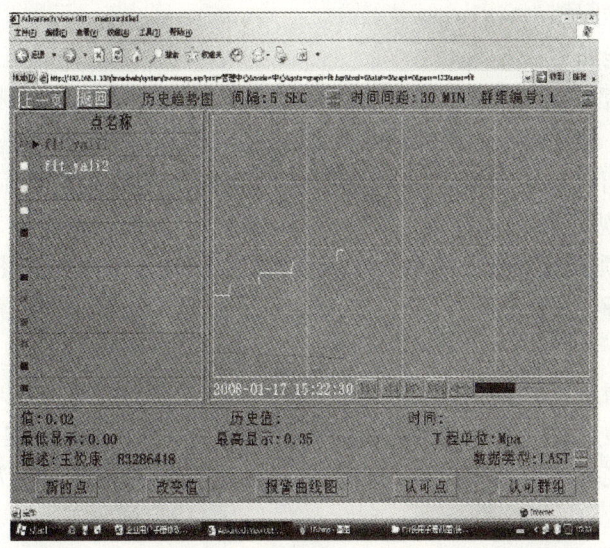

图 6-101

选择图 6-102 所示红色区域，可以选择具体的日期以及时间的历史数据。

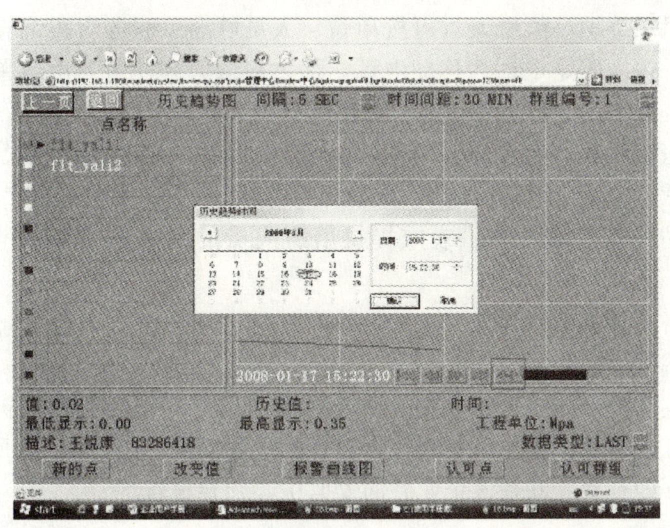

图 6-102

6.10 值班管理模块设计

安监部门值班人员进行日常值班、管理记录。实现综合信息的接入，可以接收事故报警报告、举报、领导指示、视频和数据监控等事件信息，并对信息进行整理归档。

模块功能如下：

● 综合信息接入：通过接口与其他业务系统连通，能接收来自事故报警报告、举报、领导指示、视频和数据监控的事件信息。

● 信息调取功能：安监局收到下级单位的请求支援报告后，可调取重大危险源的现场视频和数据，判断需要采取的措施。如需启动应急预案，则进入应急预案流程进行处置。其中，数据采集监测、可视化图像监控都需要和 GIS 平台进行集成，监控点的管理也要求纳入地理信息系统管理范畴。

● 报警信息分析和管理功能：对已经发生的报警信息，包括历史信息，按照时间、地点、危险源类型进行存档、调阅、分析统计和管理。

● 调度接入：信息归档后，以表单形式进行公文流转，作为日后可查询的历史案卷。

值班管理：

①信息打印：按选择的值班序号显示查询结果，可按照设定的模板格式进行打印，并提供转发功能。

②通讯录维护：值班人员可按单位、人员姓名、职务来查询相关人员的联系方式，包括固定电话、移动电话。提供权限管理功能，由各单位自行负责本单位及下属重大危险源企业的通讯录维护。

③值班表维护：各值班单位负责维护本单位的值班表，并提供打印功能。值班表内容包括值班日期、带班人、值班人员。安监局工作人员有权查看各单位的值班表，值班表应提供值班人员的联系方式（固定电话、移动电话）。

模块各功能实现界面如下：

中心端接警操作程序

当企业数据（如压力、温度、浓度和液位等）超限时会在接警中心平台界面进行红色闪动报警显示，并伴有声音的报警提醒。如图 6-103 所示，此时值班人员立即查看并联系该企业并向安监中心领导报告。

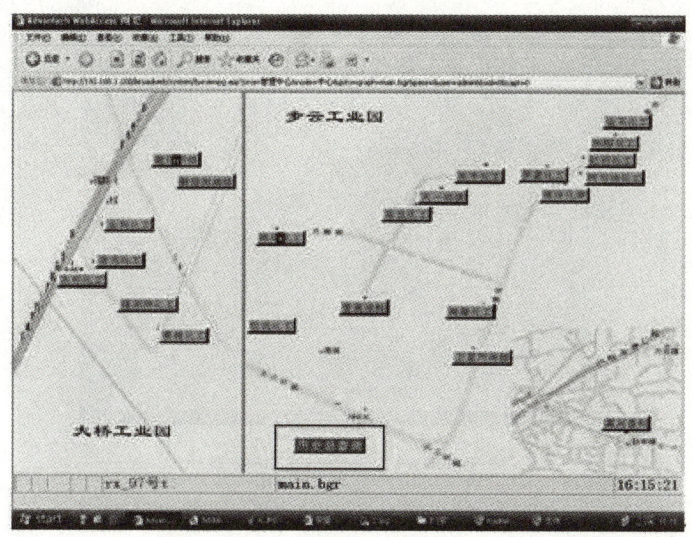

图 6-103

单击红色区域的“历史总查询”按钮可以查看企业历史报警记录。如图 6-104所示。

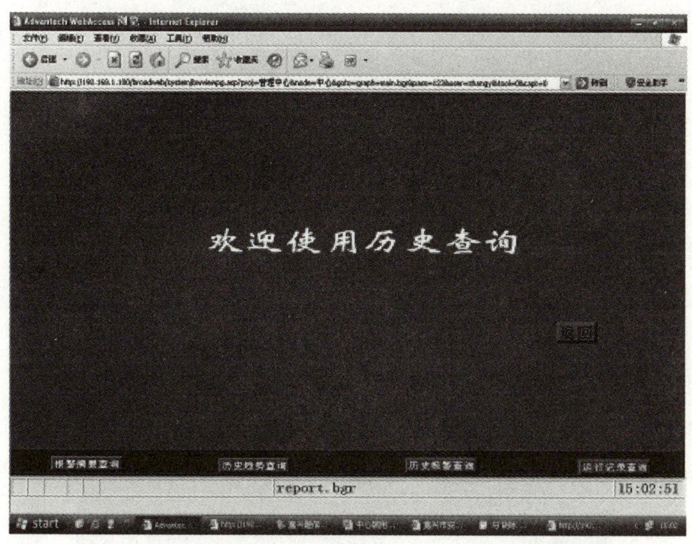

图 6-104

此界面包含报警摘要查询、历史趋势查询、历史报警查询和运行记录查询 4 大功能。

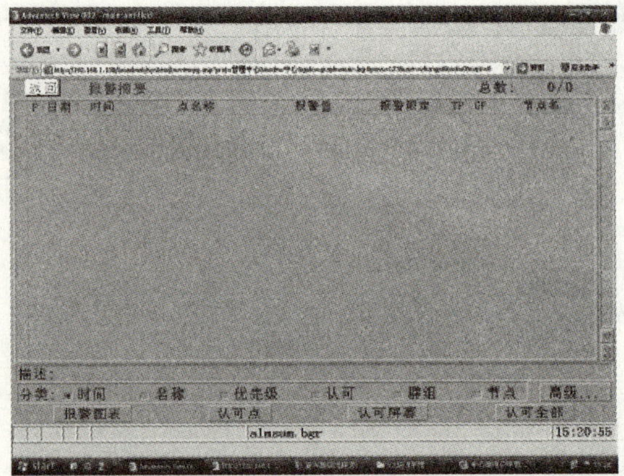

图 6-105　报警摘要查询图

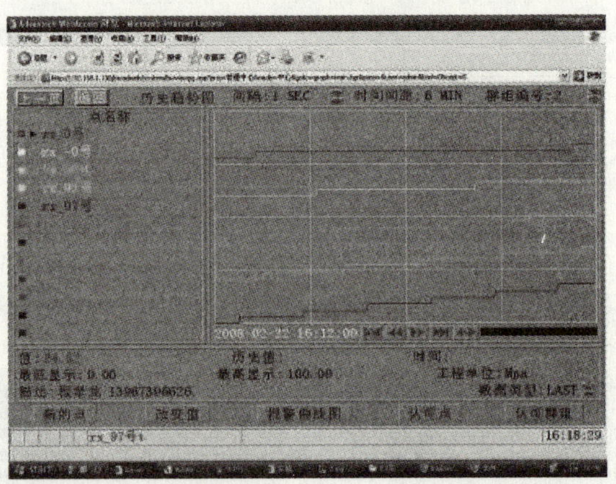

图 6-106　历史趋势查询图

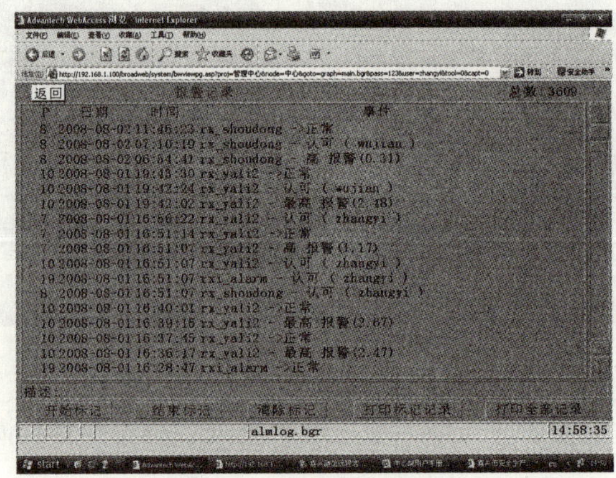

图 6-107　历史报警查询图

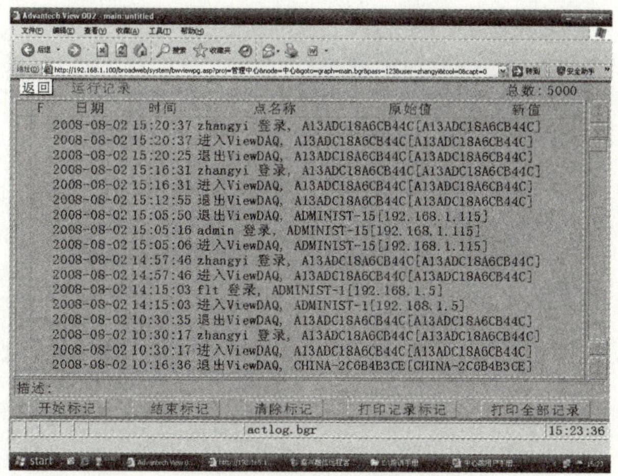

图 6-108　运行记录查询图

历史数据信息和历史运行记录都可以储存 4 年，包括每一次的报警记录等都会在记录中，可以即时打印，并可以分段打印，形成书面备案。

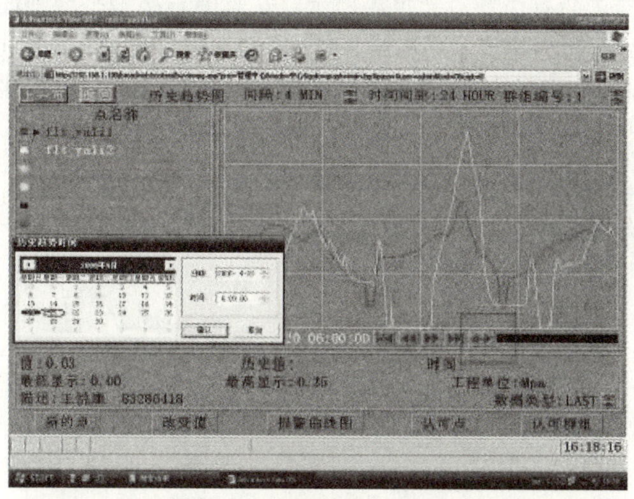

图 6-109

单击红色方框内的按钮可以查看历史数据信息（单击名称显示实时数据企业的名称）。

目前企业重大危险源动态安全监管预警系统有三种报警方法。

当企业端生产设备、储罐等安装有温度、压力和液位等传感模块与本系统连接时，可以实现报警值的设定，包括高报警、高高报警、低报警、低低报警等几种报警界限的设置。如图 6-109 中深色区域所示。

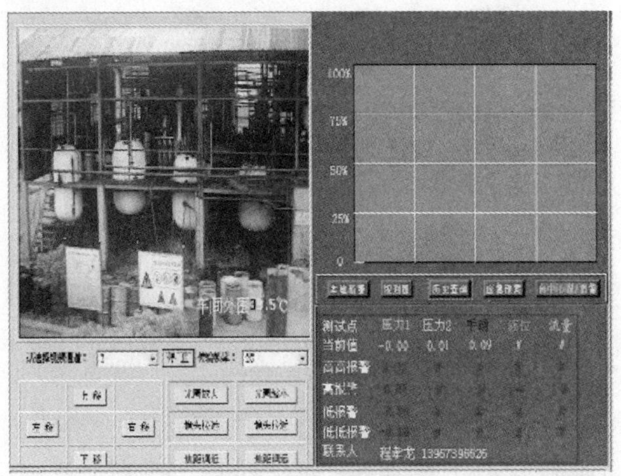

图 6-110

当企业生产设备、储罐等安装有温度、压力、液位传感器，数据出现超限时，企业端视频数据组合画面该压力、温度等数值红色闪动，同时如安装有声光报警器，会有声音、光报等提示。安监中心接警平台画面会出现该企业红色闪动，进行报警提示。如图 6-111 所示。中心值班人员单击闪动按钮进入该报警企业视频数据组合画面，然后单击“报警认可”进行接警，同时中心值班人员马上电话联系该企业，确认情况并上报中心领导。

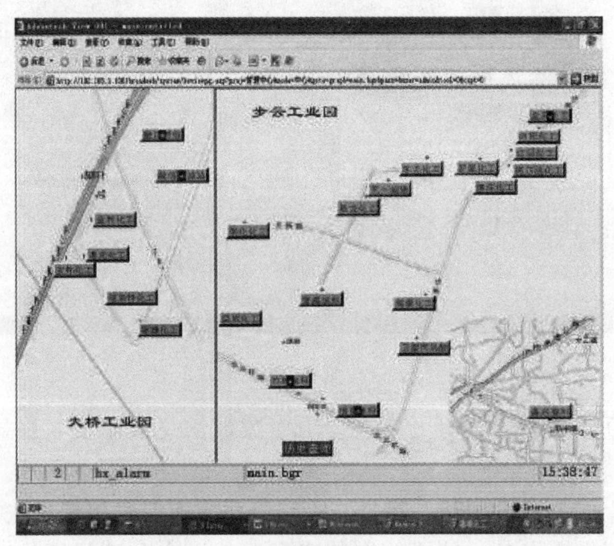

图 6-111

企业隐患处理好后，企业端人员单击“本地消警”按钮进行本地和安监中心消警处理，处理后红色闪动消失。

- 一体化工作站手动按钮报警

当企业车间出现危险情况时，企业人员可直接单击“向中心报/消警”按钮进行报警，同时“向中心报/消警”按钮字符闪动，如图 6-112 中绿色区域所示。

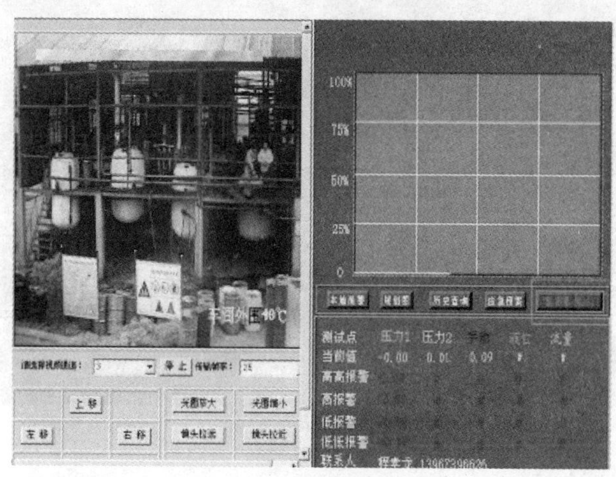

图 6-112

如安装有声光报警器，会有声音、光报等提示。此时中心监控接警平台画面中该企业红色闪动，进行报警提示，如图 6-112 所示。安监中心值班人员马上电话联系该企业，确认情况并上报中心领导，企业隐患处理好后，企业端人员先单击“本地消警”按钮进行本地消警，如图 6-113 所示。

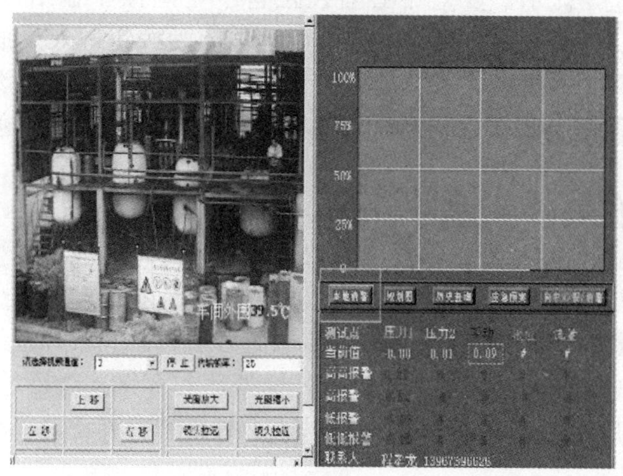

图 6-113

单击“本地消警”按钮后，红色闪动按钮的颜色变成黄色，然后单击“向中心报/消警”按钮进行中心消警，如图 6-114 所示。

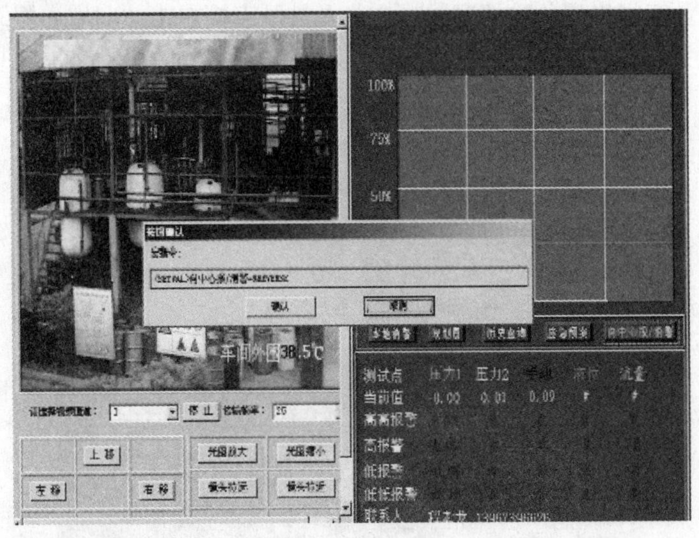

图 6-114

单击“确认”按钮后，“向中心报/消警”由黄色变成白色，表示消警成功。

● 车间手动报警

当车间出现危险状况时，按下车间的“手动报警”开关，企业端监控视频数据组合画面压力、温度等数值红色闪动，如安装有声光报警器，会有声音、光报等提示，安监中心监控接警平台画面中显示该企业红色闪动，安监中心值班人员在接警平台画面单击闪动按钮进入该报警企业监控画面，然后单击“报警认可”进行接警，同时立即电话联系该企业，企业隐患处理好后，企业端人员单击“本地消警”按钮进行本地和中心消警处理。

● 分级报警功能

数据采集系统将报警传感器采集到的企业内的环境数据信息通过识别接入一体化工作站。一体化工作站进行数据分析处理和存储，当超过报警设定限值时进行报警。同时数据通过专网传输到各县、区和市、省的安监局监控中心，监控中心的服务器也进行数据分析处理和存储，当超过县、区或市、省的报警级别时即进行报警。这样即保证了数据的容灾备份，又保证了分级报警的目的。

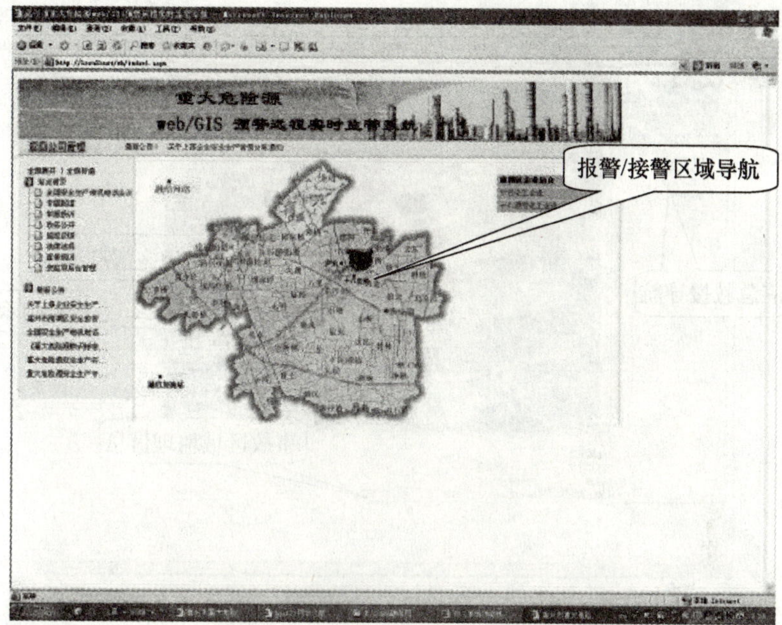

图 6-115

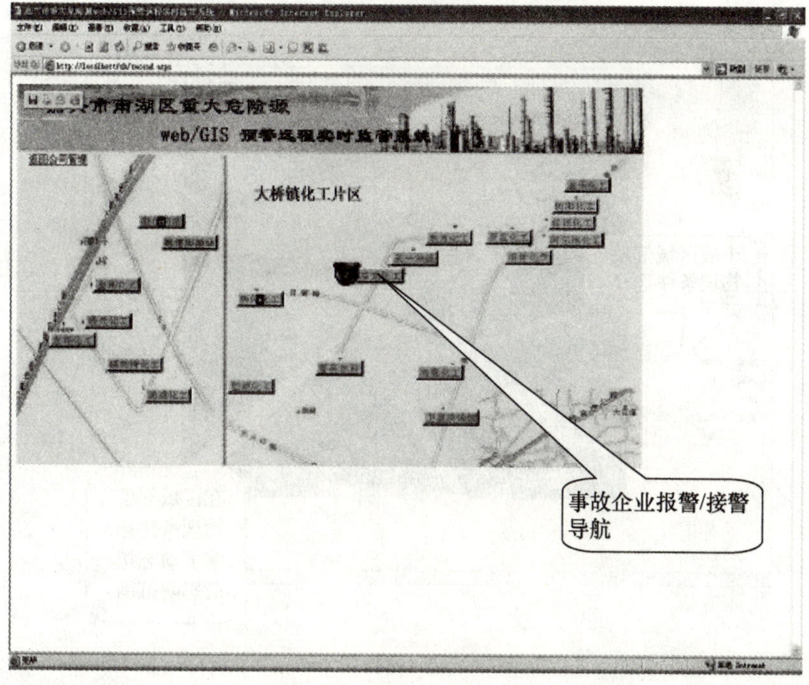

图 6-116

A市重大危险源
安全生产实时监管系统
消防设施信息指示
应急救援导航
事故点指示
事故区域地理信息

图 6-117

A市重大危险源
安全生产实时监管系统
事故区域气象物理条件
事故区域气象物理条件选择
在区域气象物理条件影响下动态扩散影响范围

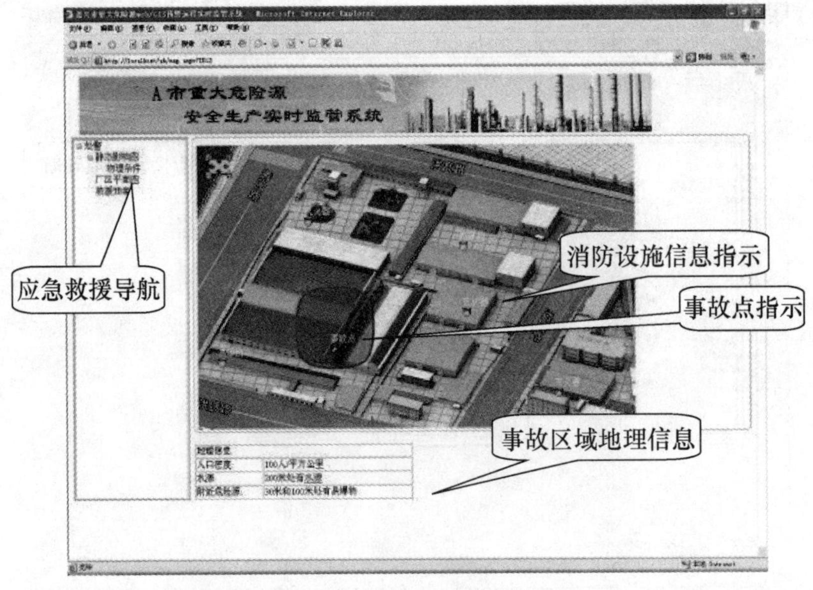

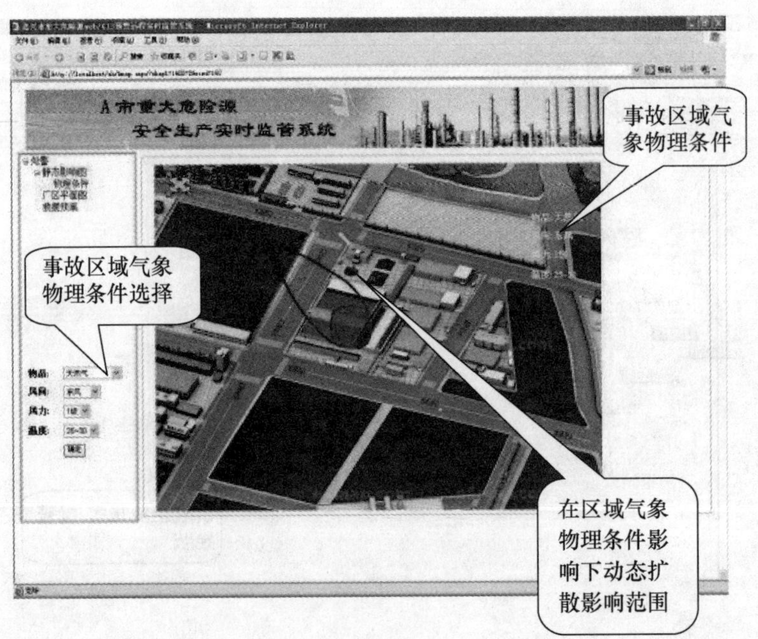

图 6-118

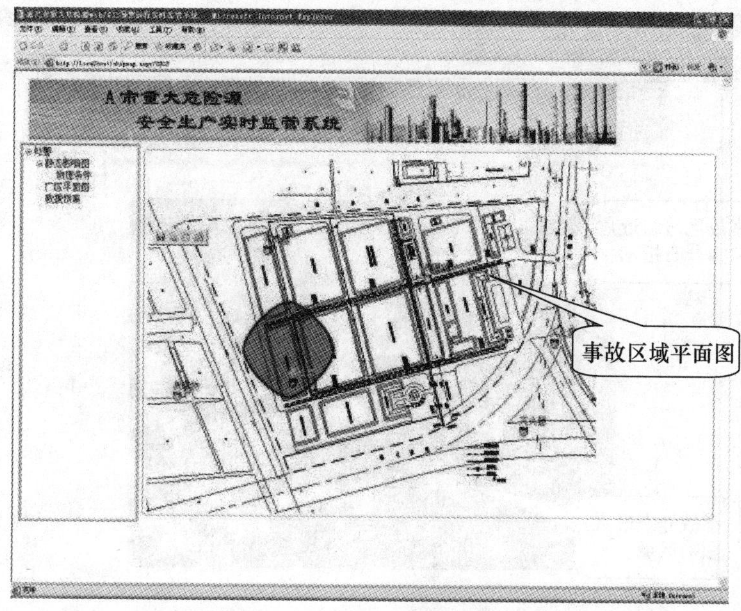

图 6-119　事故区域平面图

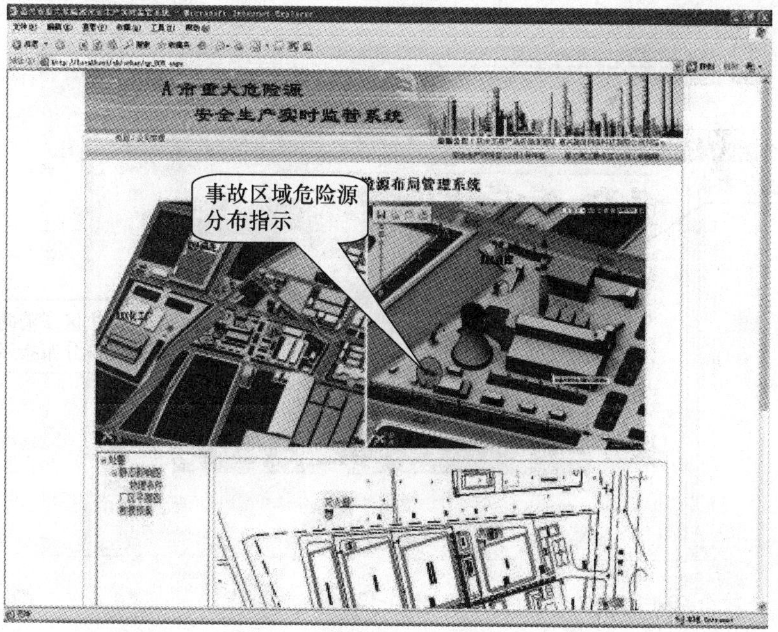

图 6-120

A市重大危险源
安全生产实时监管系统
事故影响静态仿真分析系统
事故区域临近危险源分布指示
XXX油库
事故静态最大影响区域

图 6-121

A市重大危险源
安全生产实时监管系统
事故区域消防设施管理系统
事故区域危险源分布指示
XXX化工厂
事故区域消防设施分布指示

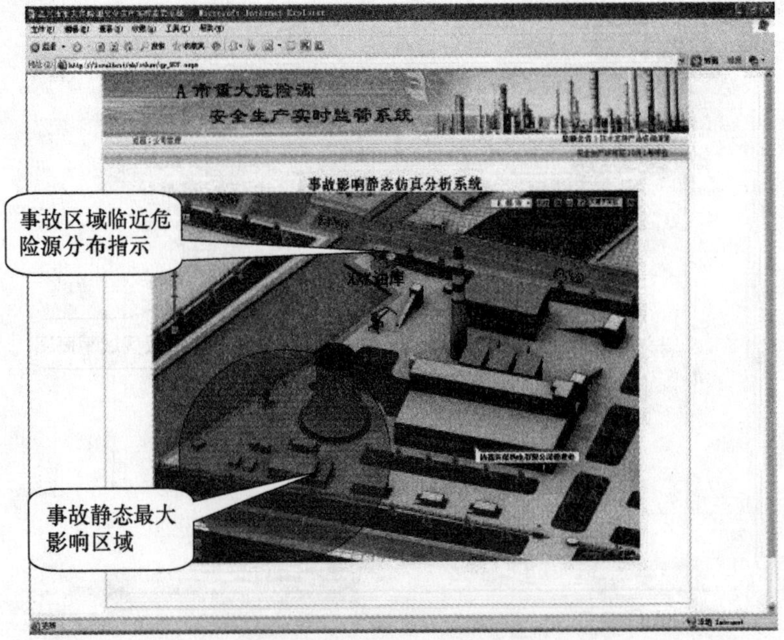

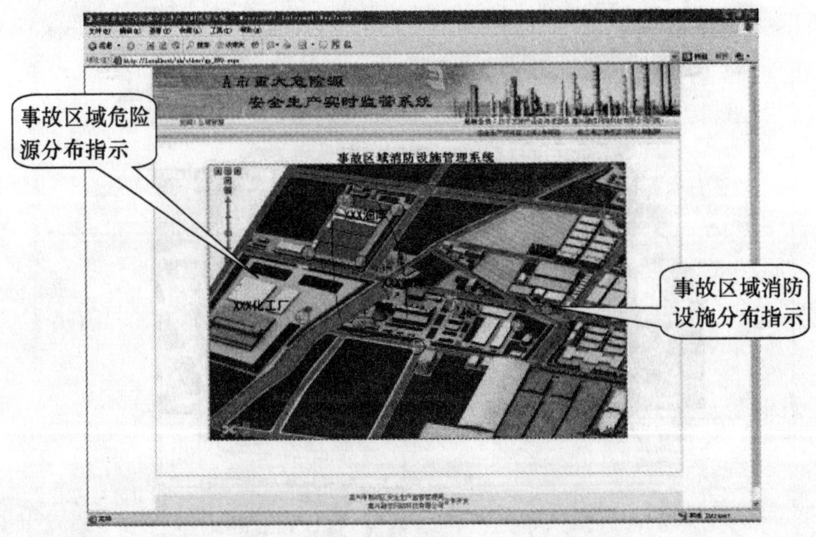

图 6-122

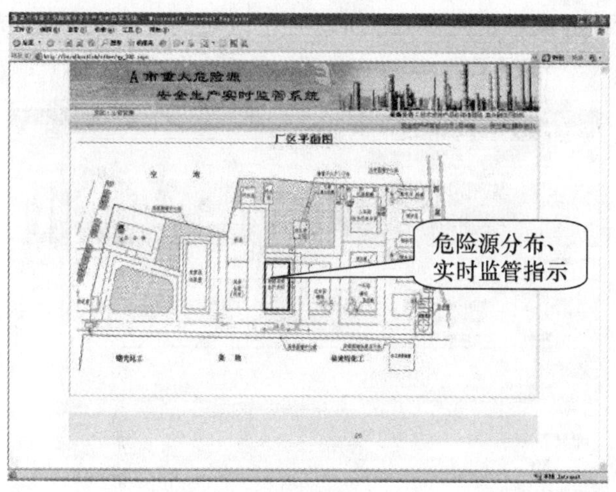

图 6-123

- 中心端管理功能

主要功能如下：

①安全管理文件、通知等信息收发和查询。

②生产设备、仪器仪表的定期安全检查，信息的网络申报、有效期到期提醒。

③安全生产人员名单、培训内容、时间和考核发证的管理。

④安全生产操作规程与应急处理预案管理。

⑤各企业机电设备、压力容器、危险品及有毒化工原料档案。

- 中心端管理功能导航图

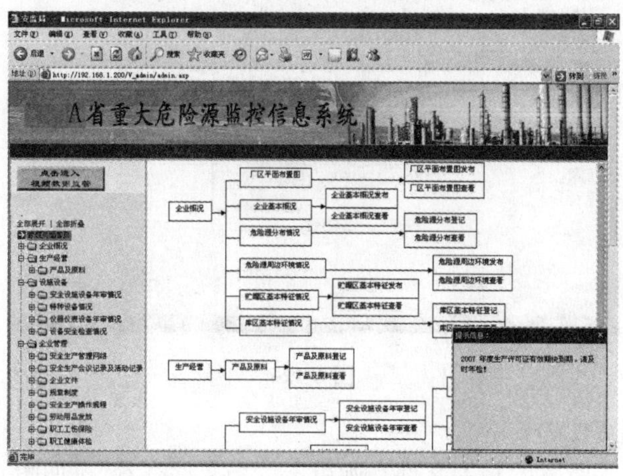

图 6-124　中心端文件的发布图

在中心管理界面单击图 6-125 所示红色区域的“局文件发布”，进行文件的上传。

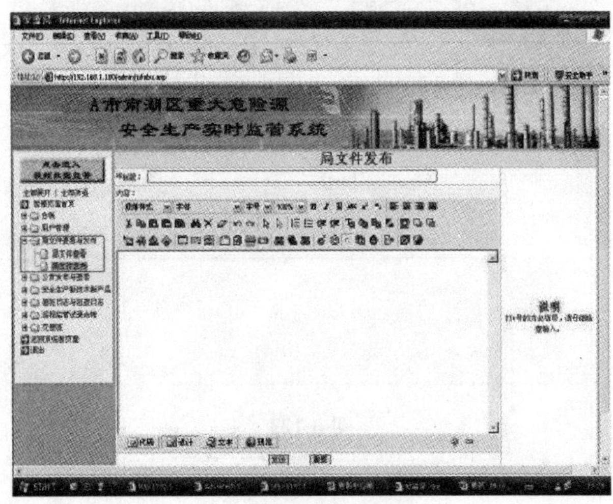

图 6-125

如发送现有的文档文件，可直接通过内嵌工具进行文件上传。如图 6-126 所示，单击红色区域的“浏览”按钮，则可找到本计算机内的现有文档路径。最后单击“发送”按钮提交。

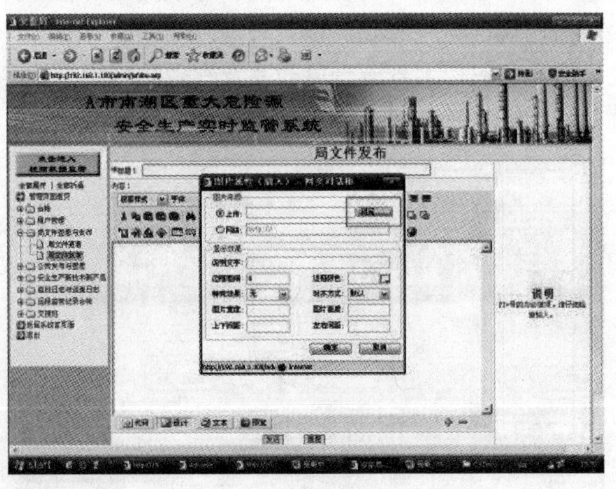

图 6-126

● 中心端文件的查看

如查看中心所发的相关文件，则单击“局文件查看”，如图 6-127 所示。

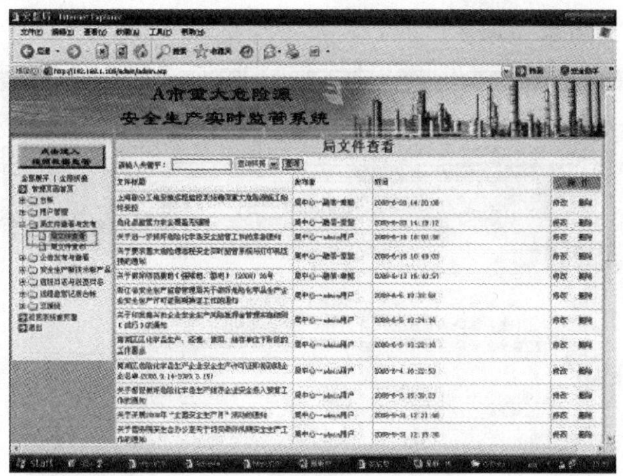

图 6-127

选择所要查询的文件名称（也可以通过工具栏的智能查询），查找所查看的文件，然后单击进行查看。如图 6-128 所示。

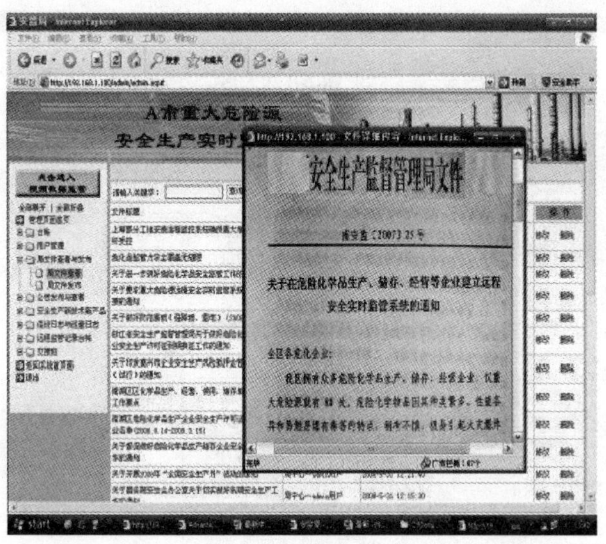

图 6-128

● 中心端公告的发布

在中心管理界面上单击图 6-129 所示红色区域的“公告发布”，进行公告的上传。

如发送现有的文档文件，可直接通过内嵌工具进行文件上传。如图 6-129 所示，单击红色区域的“浏览”按钮，则可找到本计算机内的现有文档路径。

最后单击“发送”按钮提交。

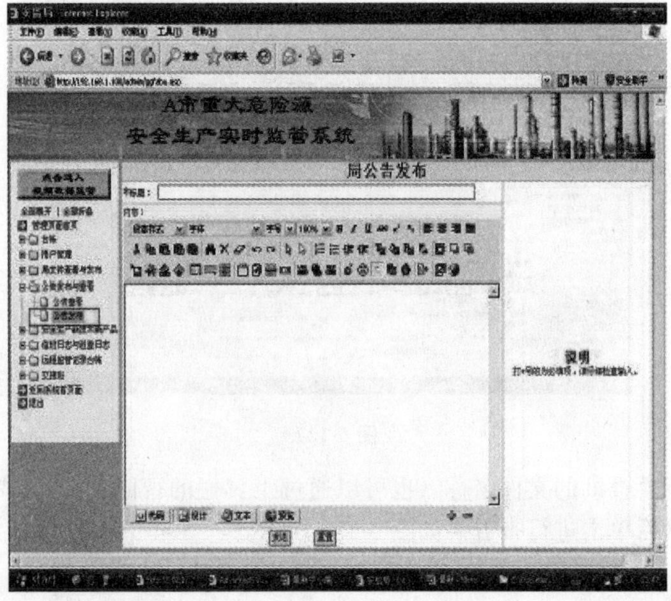

图 6-129

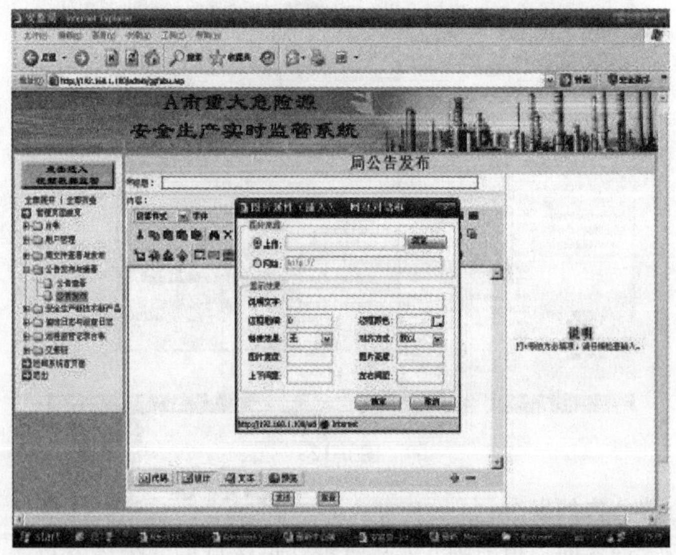

图 6-130

● 中心端公告的查看

如查看中心所发的相关公告，则单击“公告查看”，如图 6-131 所示。

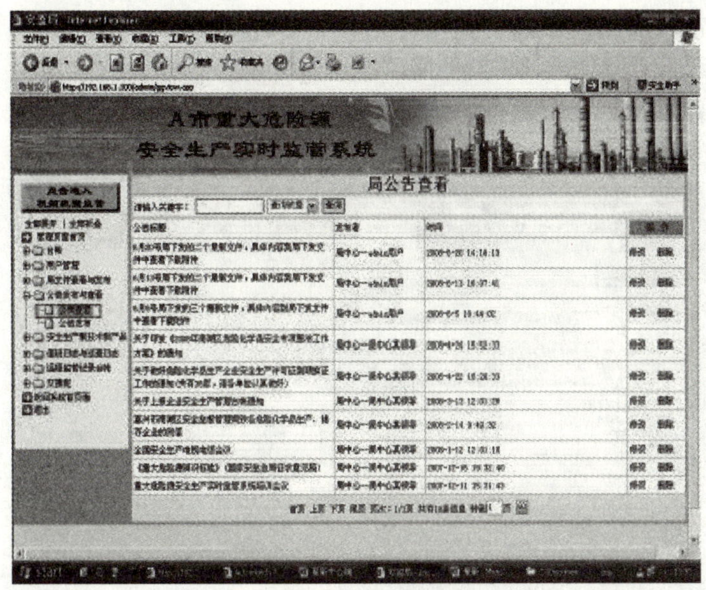

图 6-131 中心端文件查看图

选择所要查询的公告名称（也可以通过工具栏的智能查询），查找所查看的信息，然后单击进行查看。如图 6-132 所示。

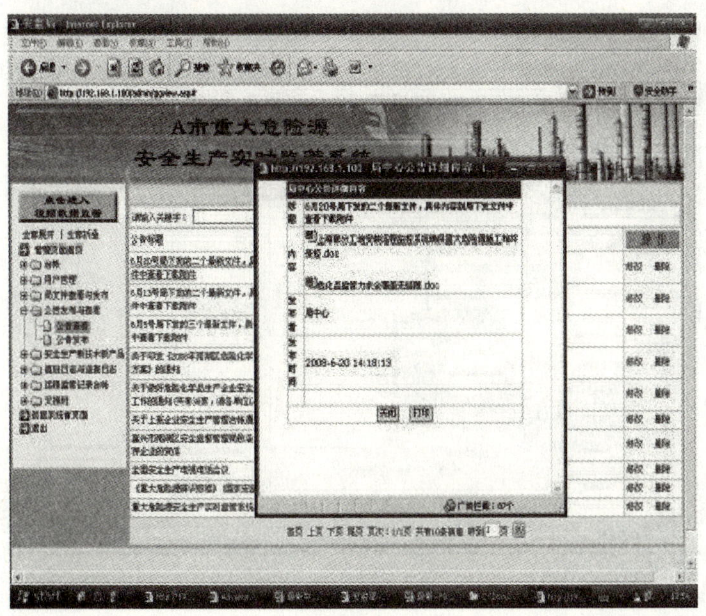

图 6-132

● 文件的打印

在局文件查看中选择要打印的文件，如图 6-133 所示。

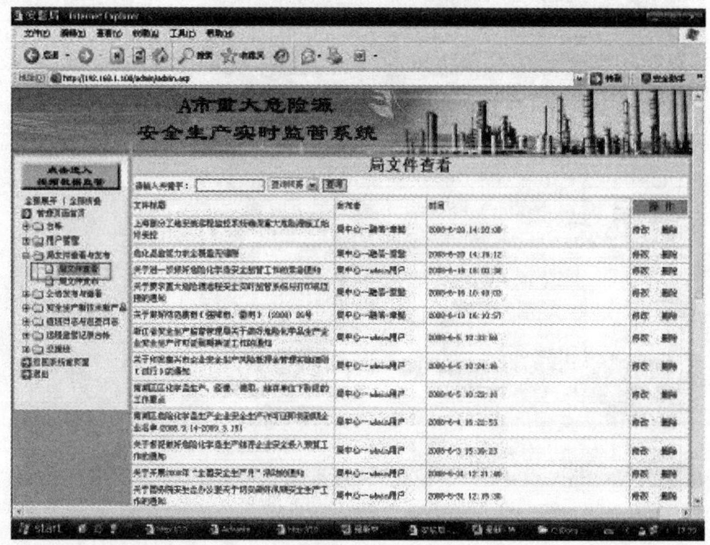

图 6-133

在右侧文件列表中选择文件，如图 6-134 中红色区域所示。

图 6-134

打开此文件，出现图 6-135 所示的对话框。

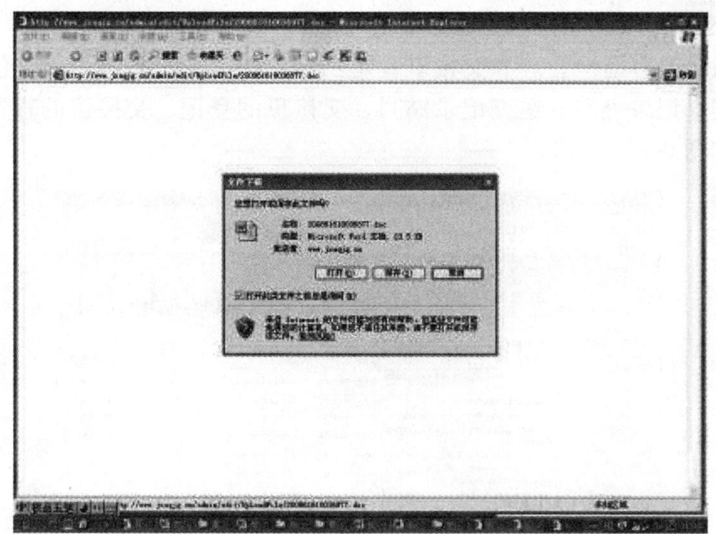

图 6-135

单击“打开”按钮可以查看文件内容。然后选择工具栏中的“文件”→“打印”命令，可以将文件打印完毕。如图 6-136 所示。

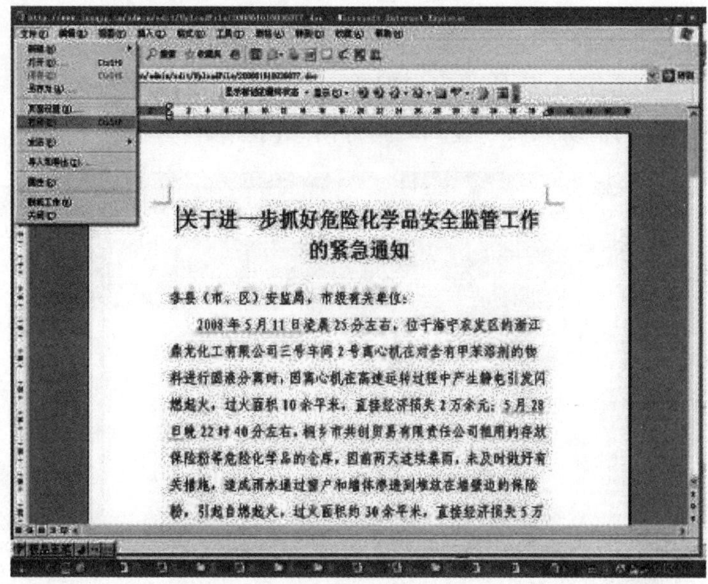

关于进一步抓好危险化学品安全监管工作的紧急通知

各县（市、区）安监局，市级有关单位：

2008 年 5 月 11 日凌晨 25 分左右，位于海宁农发区的浙江鼎龙化工有限公司三号车间 2 号离心机在对含有甲苯溶剂的物料进行固液分离时，因离心机在高速运转过程中产生静电引发闪燃起火，过火面积 10 余平米，直接经济损失 2 万余元；5 月 28 日晚 22 时 40 分左右，桐乡市共创贸易有限责任公司租用的存放保险粉等危险化学品的仓库，因前两天连续暴雨，未及时做好有关措施，造成雨水通过窗户和墙体渗透到堆放在墙壁边的保险粉，引起自燃起火，过火面积约 30 余平米，直接经济损失 5 万

图 6-136

● 巡检管理与语音提醒功能

1. 巡检管理和交接班管理的介绍

本系统具有巡检管理和交接班管理功能，包括值班日志查看、值班日志签到、巡查记录查看、巡查记录添写、交接班的登记、交接班的查看等管理功能。如图 6-137 所示。

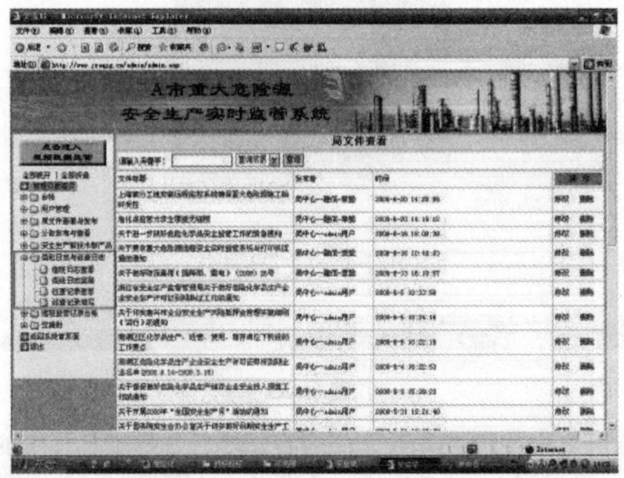

图 6-137

值班日志的查看：

可对中心端值班人员的值班情况进行一个详细的考核。如图 6-138 所示（包括值班日期、值班人员、签到时间等信息内容）。

图 6-138

值班日志签到：

中心端值班人员上岗时间的登记，进行中心值班的考勤。如图 6-139 所示。

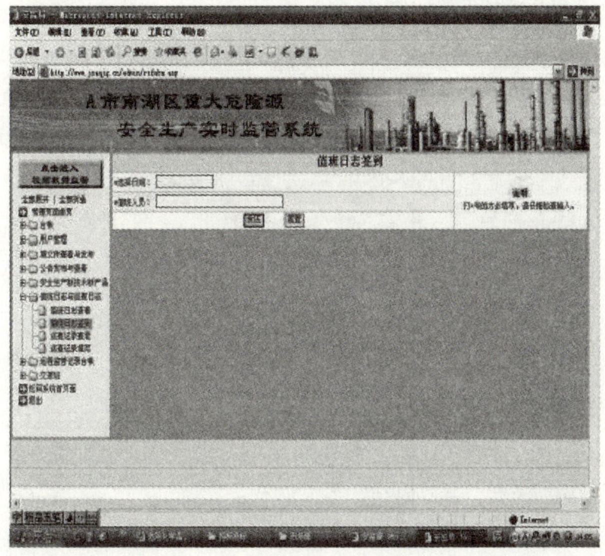

图 6-139　值班日志签到图

巡检记录的查看：

对值班人员网络巡查情况、图像巡查情况、数据巡查情况、其他巡查情况的巡检记录信息的查看，可作为对值班人员的考核监督管理及一些故障情况的掌握。如图 6-140 所示。

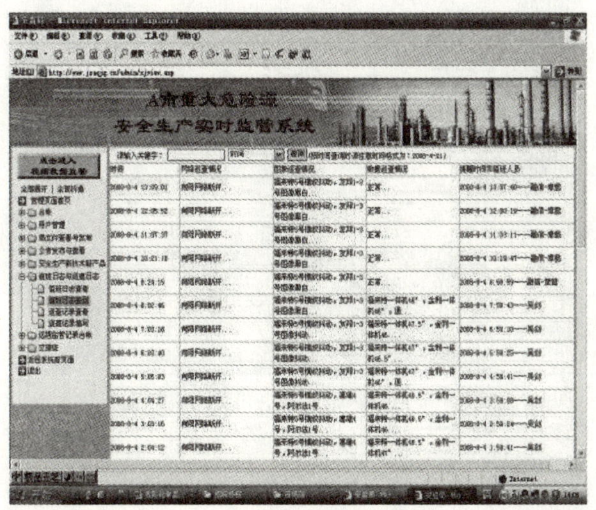

图 6-140

巡查记录添写：

值班人员对网络巡查情况、图像巡查情况、数据巡查情况、其他巡查情况的巡检记录信息的添写。如图 6-141 所示。

图 6-141　巡查记录添写图

交接班的登记：

对值班人员交接班的考勤管理，包括交班人信息（输入用户名、密码）权限、接班人信息（输入用户名、密码）权限。如图 6-142 所示。

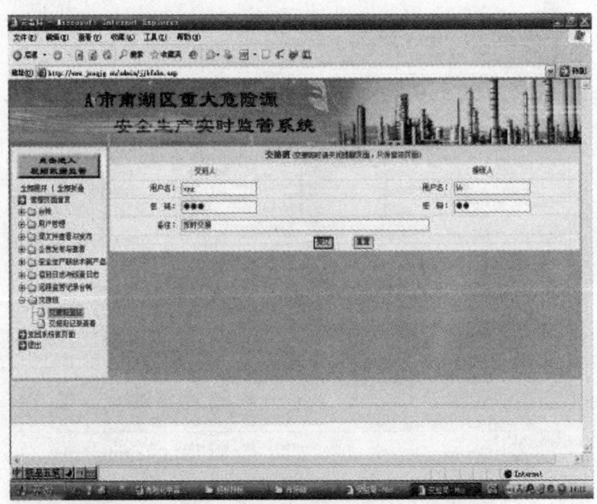

图 6-142　交接班的登记图

交接班的查看：

对值班人员交接班的详细情况的考核。如图 6-143 所示，包括交班人姓名、接班人姓名和交接班时间等信息。

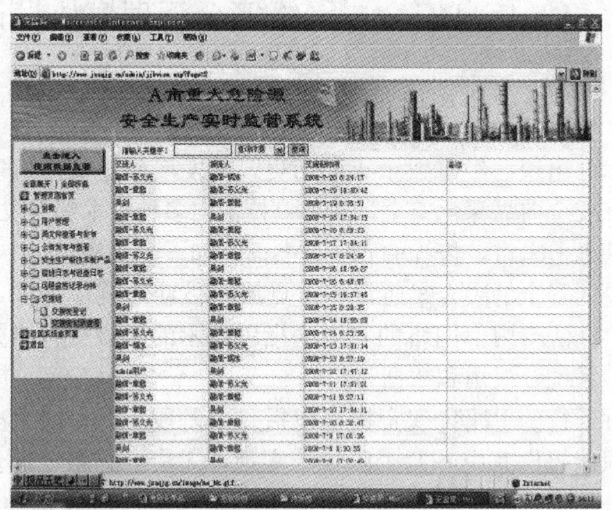

图 6-143　交接班的查看图

2. 语音自动提醒功能

系统具有语音自动提醒功能，以预防值班人员由于睡觉、离岗等原因造成事故的发生。此语音自动提醒功能可以每小时进行一次提醒值班人员，定警铃或者音乐等提醒声音。如图 6-144 所示。

图 6-144　语音自动提醒功能图

每当提醒时，值班人员可进行巡检记录添写，管理部门也可通过巡检记录信息进行对值班人员的考核。

6.11 信息安全与网络安全管理模块设计

6.11.1 安全建设面临的挑战

安全技术的出现已经有数十年的历史，其发展已经从单机安全向网络化安全，从单点安全向纵深化安全，从单一技术向多种技术综合发展。

从安全理念上来讲，传统的安全方案面临如下的挑战：

(1) 传统的安全解决方案通常将重点放在被动地响应事件，而不是主动地控制风险。无法将内部网络的安全隐患以技术的手段进行有效的控制，全面保护网络、系统、应用和数据。

(2) 国际通行的 P2DR 安全模型包括 4 个阶段，但目前大多数主流的任何安全设备只能提供其中一两个阶段的实现，无法做到系统的保护。纷繁复杂、功能单一的安全设备和概念也使得用户在选择时无从下手，进而导致或者没有真正保障安全，或者设备重复购买。

(3) 按照美国 FBI 的调查显示，安全问题的 80%来自于内部，20%来自于外部。这就是安全界著名的“82 法则”。然而，目前大多数的安全技术都面向网络边界，而不是解决内部的安全问题。

(4) 大型网络的安全是一个系统工程，需要多种技术手段之间的配合、支持和协调，然而目前主流的安全技术手段之间的协同工作能力还很差；安全技术手段之间应当是互补的，比如功能互补、层次结构互补等，但是传统安全技术大都是面向机构边界的，相对而言，缺乏针对桌面的安全和内部网络安全的技术手段；大型网络的安全应当是集中的策略管理，统一部署，机构安全管理者应当能够保证安全策略在每个角落中实施，而传统安全技术是分散式的管理，难以做到集中管理和统一部署。

(5) 传统网络设备的工作依赖于网络边界的界定。随着拨号、无线网络、移动网络、虚拟专用网、移动存储等技术的普及，网络边界变得越来越模糊，网络边界的模糊化导致边界保护变得更加困难，随着网络边界的不断扩展，使得传统的边界安全保护措施难以充分发挥作用。

(6) 网络安全技术发展日新月异，而黑客、病毒等反安全技术也在不断变换花样，传统安全技术在应对新的网络安全威胁时缺乏足够的应变能力，难以适应新的形势。

(7) 主流安全方案的部署基本上都需要改造原有的网络环境和结构，以及购买专用设备或系统，实施成本高；系统的维护、管理和使用对管理员和终端用户都提出了较高的要求，需要专业的安全意识和技术培训，增加了人力成本，降低了核心业务的效率。

一个设计良好的安全系统应当做到：

(1) 适应。安全系统不仅应当解决现有的安全问题，而且应当能够适应未来可能出现的安全问题，这样才能有效保护客户的投资。

(2) 简单。安全系统虽然具有很高的技术含量，但对客户使用来讲，应该尽可能简单，这样才能方便客户的使用。

(3) 透明。安全系统的存在应当尽可能对终端用户透明，而不影响终端用户的正常工作。

(4) 高效。安全系统的存在不应当影响原有网络和系统的性能，造成工作的瓶颈。在网络安全事件发生时，能够快速的定位和有效的遏制。

(5) 纵深。安全系统应当纵深化，这样才能对黑客的攻击造成足够的障碍，保证系统的安全。

(6) 集成。各种安全系统应当成为一个集成化的防御系统存在，而不是各自为政，这样才能真正做到对安全问题的及早防范。

6.11.2 安全策略管理系统设计

1. 信息安全保护定位

安全策略管理系统（SPM）采用集成化网络安全防卫思想，遵循 P2DR2 安全模型，应用集成防卫的理论与技术，采用分布式的体系结构，通过集中化的安全管理控制为用户提供一套完整的安全策略的制定、发布、执行的平台。在降低网络安全管理成本的同时，能有效的保护网络和主机系统的安全，既能防止内部的信息泄漏，也可以阻止内外的攻击。

2. 理论模型

SPM 是围绕着 P2DR2 模型的思想建立一个完整的信息安全体系框架。该框架包含的主要内容为 Policy（安全策略）、Protection（防护）、Detection（检测）、Response（响应）和 Recover（恢复）。如图 6-145 所示。

3. 系统组成及部署结构

(1) 系统支持平台（SSP）。负责系统的认证授权、日志管理、策略管理的后台支持；保存着企业信息资产和安全策略数据库；负责收集整个系统的安全信息、策略的发布和保存；为管理人员提供管理接口；为强认证网关提供安全策略联动确认服务，从而形成联动安全防御体系。支持分布式部署，能够适用于大规模网络环境的应用。

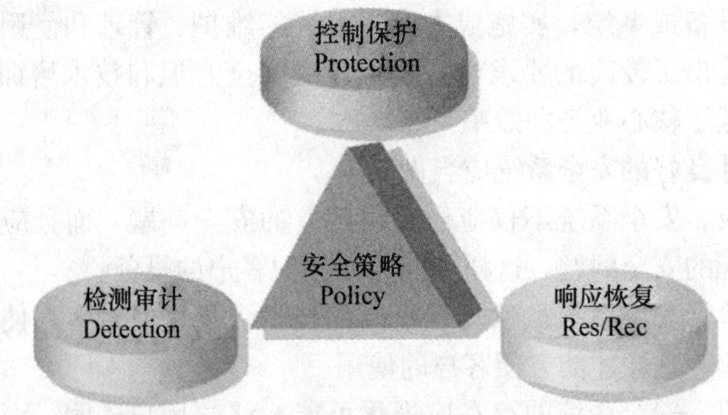

图 6-145　P2DR2 安全模型体系框架图

（2）策略管理中心（PMC）。为管理人员提供图形化操作界面，与系统支持平台建立安全通信，完成系统的各项管理和操作功能，如用户管理、策略定义和应用、系统设置、日志查询和报表分析等。

（3）策略执行点（PEP）。安装在受保护的终端主机（如个人主机、笔记本式计算机和服务器等）中，是企业安全策略的具体执行者，负责保护终端主机的安全，同时对终端用户的访问行为进行审计。

（4）日志与审计服务（Log）。负责完成来自终端用户和管理人员日志的收集和审计。

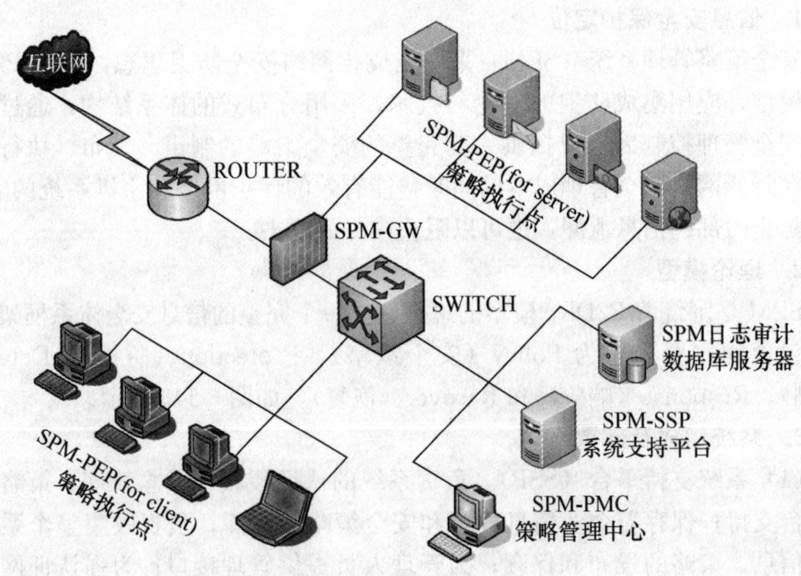

图 6-146　系统组成及部署结构图

（5）SPM 强认证网关（SPM-GW）。该部分为可选项。放置在网络的边界处，负责对访问敏感信息资源的用户进行身份鉴别，防止未通过 SPM 认证用户访问该敏感区域的网络资源。

SPM 是安智科技针对企业全网安全策略集中管理系统。以策略为核心、从企业全局信息资产安全出发，解决企业终端主机的安全问题和终端用户的网络访问行为监控审计。适合部署在各类企业网络系统中，保护终端主机和服务器的安全。

安全策略管理系统（SPM）能够与安智防火墙产品（AngellPRO FW）、审计产品和国内外知名防病毒产品（如 Kill、Norton、Mcafee、TrendMicro、Kaspersky 和 eTrustEZ 等）进行联动，从而为用户网络形成联动、立体、全方位的安全防护体系。

4. 工作机理

安全策略管理系统的工作机理如图 6-147 所示。

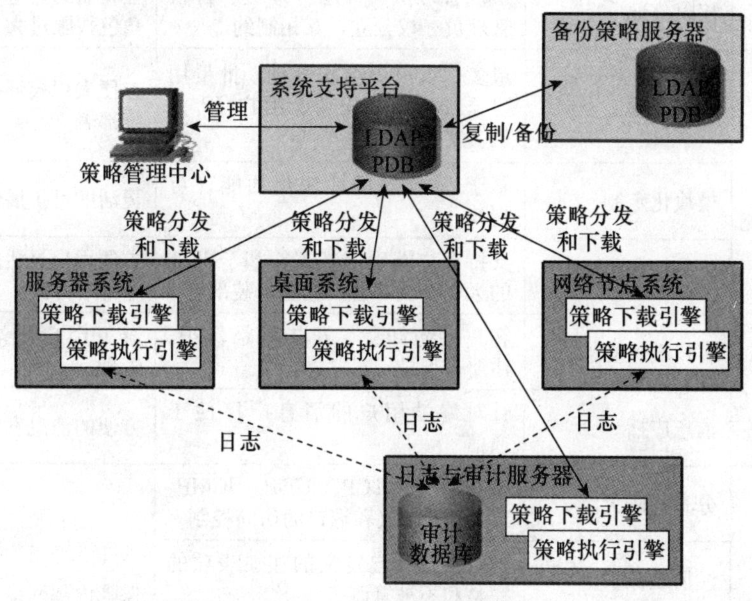

图 6-147　工作机理图

其中，管理控制中心实现集中的策略管理，策略通过系统支持平台发布，系统支持平台将安全策略分发到各个策略实施点，各个策略实施点上运行可信的策略代理——“策略执行引擎”来实施安全策略。各个 PEP 产生各种安全事件，并在安全策略的指导下进行协同处理。Log 日志与审计服务器负责收集管理员操作日志、客户端用户的登录日志和用户的网络访问日志，并且对日志信息进行集中存放管理。SPM-GW 负责访问关键业务资源的用户身份鉴别，防止用户逃避 SPM 认证而访问网络资源，降低非法访问造成的损失。

各个节点的审计信息集中存放在审计服务器的数据库中，管理控制台可以访问和管理审计信息。

为了保证安全，策略的分发、管理控制台的管理等需要身份认证，关键的信息交互需要保密。SSP 作为一个中心的支持平台，以强有力的加密措施保证了信息的安全性和真实性。

5. 系统功能模块

使用 SPM，终端用户可以透明地获得各种不同层面的安全保护。SPM 系统为客户提供了以下功能模块，如表 6-9 所示。

表 6-9　功能结构表

<table>
<tr><th>功能模块</th><th>功能子项</th><th>描　述</th><th>用户价值</th></tr>
<tr><td rowspan="6">管理功能</td><td>权限分配</td><td>系统管理员、日志管理员、特权管理员三权分立，互相制约</td><td>互相制约，避免单一角色权限过大</td></tr>
<tr><td>用户管理</td><td>最多 5 级组织结构管理、批量用户添加、用户注册、用户/IP/主机绑定功能</td><td>方便大规模环境下系统部署</td></tr>
<tr><td>模块化定制</td><td>基于 License 的模块化功能许可授权</td><td>灵活的可扩展性</td></tr>
<tr><td>客户端部署</td><td>支持客户端手工部署、基于 Web 的远程安装部署、推送安装部署</td><td>方便用户灵活的客户端部署方式</td></tr>
<tr><td>客户端保护</td><td>客户端防卸载、安装目录保护、注册表保护</td><td>避免用户终端逃避管理</td></tr>
<tr><td>消息广播</td><td>针对终端用户的消息广播便于通信</td><td>方便的消息发布管理</td></tr>
<tr><td rowspan="5">防内部攻击</td><td>分布式防火墙</td><td>基于 IP、TCP、UDP、ICMP、IGMP 等协议和端口的访问控制</td><td rowspan="5">保障内部网络主机安全，形成自防御的安全网络体系，保证整个网络内主机安全的及时性和同步性。提升 IP 网络的可用性</td></tr>
<tr><td>注册表保护</td><td>支持内置和自定义的注册表项的完整和不被篡改</td></tr>
<tr><td>软件联动</td><td>对成功或失败安装系统补丁或应用程序的客户端采取不同的安全策略实现联动管理</td></tr>
<tr><td>应用程序控制</td><td>支持内置和自定义的应用程序版本控制、完整性校验和使用管理</td></tr>
<tr><td>IP 管理</td><td>限制用户私自修改 IP 地址，采用用户/IP/主机绑定机制</td></tr>
</table>

续前表

功能模块	功能子项	描　述	用户价值
设备管理	USB 移动存储	USB 移动存储设备的使用管理控制	防止保密信息通过外部存储设备散播出去；防止一机两用；防止病毒通过外部存储设备进入网络
	光驱、软驱	光驱、软驱的使用管理控制	
	PCMCIA 设备	PCMCIA 设备的使用管理控制	
	1394、红外设备	1394、红外设备的使用管理控制	
	Modem 等拨号	Modem 等拨号设备的使用管理控制	
	多网卡	限制终端主机使用多网卡设备	
	打印管理	实现本地打印机、网络打印机、网络邻居打印机、本地文件、其他打印机分类的使用管理控制	
	移动存储审计	针对光驱、软驱、USB 移动存储的读、写审计控制	
外联防护	网络资源访问	限定用户是否可访问除指定网络外的其他网络	防止终端用户进行非法外联
	离线策略	限定用户离开安全网络后的对外访问行为，可以选择“完全禁止”、“受限访问”或者“无条件访问”	
	访问行为控制	限制内网主机使用调制解调器、ADSL 拨号设备、无线、多网卡等连接到外部	
防非法接入	非法扫描	主动式扫描发现非法的用户接入	通过 SPM 构建合法的内网安全管理域，有效防止非法接入终端所带来的安全隐患
	非法接入阻断	对接入的非法用户实现完全阻断对内外网的访问和受限访问的灵活阻断方式	
	匿名接入	支持匿名接入。对匿名接入用户可以选择完全禁止、受限访问和无条件访问	
	用户审批	提供对非法用户审批功能，可通过管理员审批操作将非法用户批准为合法用户	

续前表

功能模块	功能子项	描　述	用户价值
IT资产管理	资产自动收集	通过对网络中主机进行硬件、软件资产自动收集，形成资产报表	保证用户 IT 资产有效利用，防止终端用户私自进行非法的 IT 资产软硬件变更并进行及时跟踪
	异动告警	对终端用户的硬件、软件资产的任何变化进行及时的告警显示和跟踪	
	资产导出	提供用户自定义条件选择的资产报表导出	
	资产更新	对 IT 资产清单进行跟踪、收集完毕，提供更新同步保障资产统一性	
	资产历史对比	对已变更资产进行详细列表对比，列表显示变更的内容	
病毒预控	防病毒联动	和 kill、金山、Symantec、Trend Micro、Kaspersky、Mcafee 等知名防病毒软件联动	统一管理防病毒软件，实现防病毒软件升级、病毒扫描等监管，集中统一的操作系统补丁分发、应用程序分发、SPM 系统升级，形成自防御的安全网络体系
	在线防病毒监管	对在线终端防病毒软件实现病毒扫描、软件升级	
	补丁分发	提供操作系统补丁分发、升级	
	应用程序分发	提供应用程序软件的交互式分发操作	
	客户端升级	SPM 客户端进行统一的升级部署	
内容过滤	关键字过滤	基于加权算法的关键字权值赋予过滤	限制访问非法网站、资源
	URL 过滤	基于 URL 黑名单过滤列表	
	IP 地址过滤	基于 IP 地址的黑名单过滤列表	
	对象管理	用户自定义的内容过滤分组分类	

续前表

功能模块	功能子项	描　述	用户价值
远程监管	主机监管	监控客户端主机的操作系统、登录用户、主机名称、CPU/内存动态性能变化、磁盘使用情况、开放端口、IP 配置和网络流量；监控、结束或启用客户端主机的进程、服务、共享、应用程序、文件保护、用户/组、硬件、打印队列、防病毒情况；远程监控系统支持平台运行状况	及时发现潜在问题；及时发现并协助用户弥补安全漏洞；远程协助用户进行远程维护、安全检测
	远程协助	终端用户许可条件下，实现远程登录协助，提高维护效率	
	屏幕监控	授权情况下，可监控并控制客户端主机的屏幕、键盘和鼠标	
	远程通信	实现与终端主机的信息交流、文件传送	
日志审计	日志配置管理	日志服务器 IP 地址配置管理、提供 7 个报警级别设置、3 种报警方式的管理	提供标准、可信、可追述的详尽的日志审计分析系统
	日志维护	自定义条件下的日志清空、日志删除、日志备份	
	日志分析	5 种日志类型、7 个报警级别下的日志审计分析	
	报表分析	16 种报表类型的分析，实现图表、数据、详尽的文字描述等多种类型报表，提供多种类型报表格式导出、打印	
性能	客户端性能	CPU 平均占用率小于 1%、平均物理内存占用小于 2M（正常运行内存占用 300～400K）	透明的部署结构，高性能运行保障用户网络的安全性、可靠性
	网络性能	心跳保持 110～150 字节、策略下发 10K/100 条、日志上报 16K/100 条	
	客户端环境支持	Win2K、WinXP、Win2003	
高可用性		系统支持双机热备、负载均衡	保障大规模环境下系统高效运行
自防御体系架构		支持 802. 1X 联动、防火墙认证网关联动、防病毒联动	有效实现自防御的网络安全体系结构

6. 技术特点

（1）领先的分布式可扩展的系统体系结构。

整个系统通过系统支持平台（SSP）的分布式设计可以提供十分灵活、强大的部署能力，具有良好的可扩展性。如图 6-148 所示。

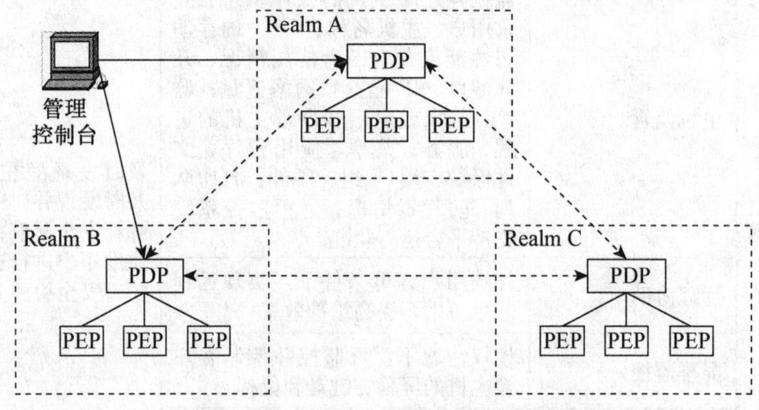

图 6-148　系统体系结构

（2）基于安全策略集的统一、灵活的安全管理体系。

所有的安全管理都是通过策略集的定制和分发来完成的，支持集中的安全管理，便于整个系统的统一管理。

包括多种安全策略：元策略、环境策略、应用策略、内容策略、流量策略和分组策略等。不同类型的策略负责在不同的范围内对网络安全行为进行规范，并且可能适用于不同类型的网络节点。其中元策略是更高层次意义上的策略规则，规定策略的制定、分发和执行等环节中的行为规范；环境策略规定节点在不同的运行环境（比如操作系统及其版本、网卡类型、网络环境情况等）下安全行为规范的不同；应用策略规定节点上应用程序的安全权限；内容策略定义节点访问网络内容的限制情况，同时也提供基于特征（Signature）的入侵检测；流量策略负责限制节点对网络带宽的占用情况，同时能够检测网络流量异常，以此来发现“蠕虫”病毒攻击等；分组策略定义进出节点的分组是否能够通行，起到防火墙的作用。

为了简化策略的管理，将用户按照角色来管理。对不同的角色实施不同的安全策略。如果元策略许可，用户可以制定自己的特有策略，但不得和自身角色的安全策略冲突。

（3）独有的智能化系统安全分析和异常检测机制。

系统通过特有的环境因子和用户因子生成报警因子，并结合策略因子和历史数据，共同输入到决策引擎中。该引擎采用专有的安全算法，综合分析判断得出对某个事件是否报警。这样就避免了大量误报给管理员带来的工作量。

（4）丰富的安全策略类型和全方位的主机保护机制。

系统的保护覆盖了系统内核——系统设备——应用程序三个层面，提供了全方位的保护，支持多个方面的保护。

在系统内核层面，可以自动、透明地帮助用户将操作系统加固，将所用 IT 资源的风险性降至最低，这样用户完全从对技术的掌握中解脱出来，从而可以非常放心地更加关注于自己的核心业务。同时，用户根本不需要具有专业的计算机知识即可将自己的主机及时加固到专家级的安全程度。

在系统设备层面，严格限定了用户是否具有使用特定硬件设备的权限（例如 CD-ROM、USB 设备等）和用户对网络的使用情况，以及外界通过网络访问主机的通道。无论是该主机对外攻击，还是遭受外来攻击的可能性都极大降低，避免了由此造成的损失，同时避免了用户通过网络窃取机密的可能。

在应用程序层面，严格限定了指定用户在指定计算机上的合法行为和禁止行为，任何未经许可的程序都将被禁止。这保证了用户只能在合法范围内正常使用计算机，既避免了用户对资源的滥用，也避免了由此造成的维护成本升高。

（5）多级的基于组织机构和角色的用户管理体系。

可以根据单位组织机构的不同划分管理权限，不同的管理者具有不同的权限和不同的管辖范围，支持系统清晰的职权划分。

管理员通过组织的安全策略，可以灵活地针对不同个人、组、地理位置等设置不同的资源使用策略，这样可以根据不同的用户角色来部署不同的安全级别。策略的制定、分发和执行对于最终用户完全透明。

（6）灵活、健壮、丰富的安全认证、通信加密机制。

特有的多元认证方式，使得合法用户在使用计算机访问网络时，网络地址、物理地址和其他硬件标识必须匹配，避免了用户擅自更改主机配置所导致的管理混乱。多重身份认证保证了管理员不能随意使用监管和监控功能，避免了隐私的泄漏。

系统不仅为目标主机提供了强大的保护，系统本身的保护也十分健壮，并且提供了适应不同环境的认证机制。支持 Kerberos、OTP 和证书等安全的认证，也提供口令认证等简单方便的认证方式，所有的通信都是加密且安全可靠的。

（7）丰富和强大的日志分析、报警机制。

提供管理日志、用户日志、告警日志、连接日志和 Web 日志等的分析和自定义查询，并且将日志的级别划分为 7 个（紧急、警报、严重、错误、警告、通知、提示），可以根据日志级别的不同选择多种告警方式（声音、邮件和 Windows 消息等）。

（8）提供与防火墙、防病毒软件的联动功能。

提供与防火墙、防病毒软件的联动功能。通过与防火墙的联动功能，有效地防止了个别用户越过 SPM 安全策略的控制和保护，访问非授权的网络资源。通过与防病毒系统的联动功能，能够使用户通过 SPM 安全策略对防病毒客户端程序进行集中统一的病毒库的及时快速更新，极大地提高了网络系统的维护升级工作效率，从而为用户的网络、业务系统形成立体的、纵深的、全方位的安全保护屏障。

6.12 统计分析和综合评价模块设计

在对重大危险源管理的过程中，系统需实现对重大危险源各类信息的统计分析。具体模块要求包括：

1. 统计分析

重大危险源统计分析功能：安监局可对所管辖区域的重大危险源普查情况各类报表进行统计分析。可按照检索条件和汇总方式（即汇总字段）对重大危险源信息及相关企业进行详情汇总。

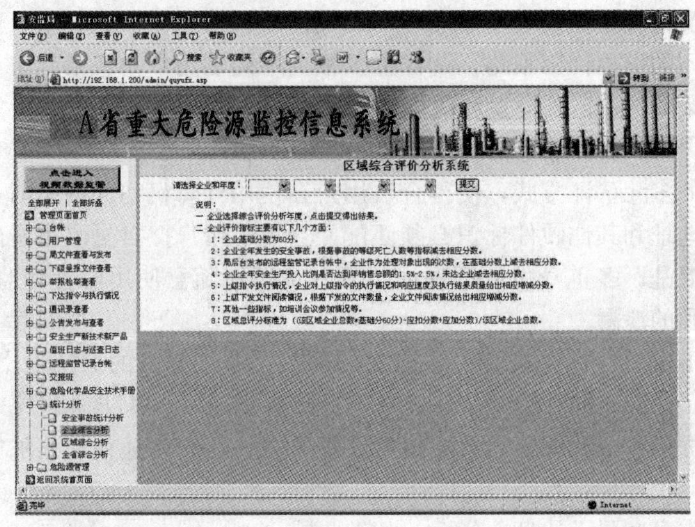

图 6-149

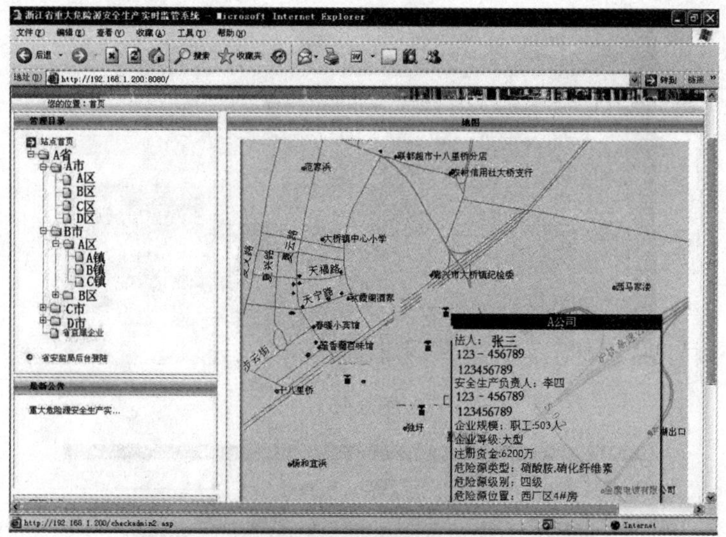

图 6-150

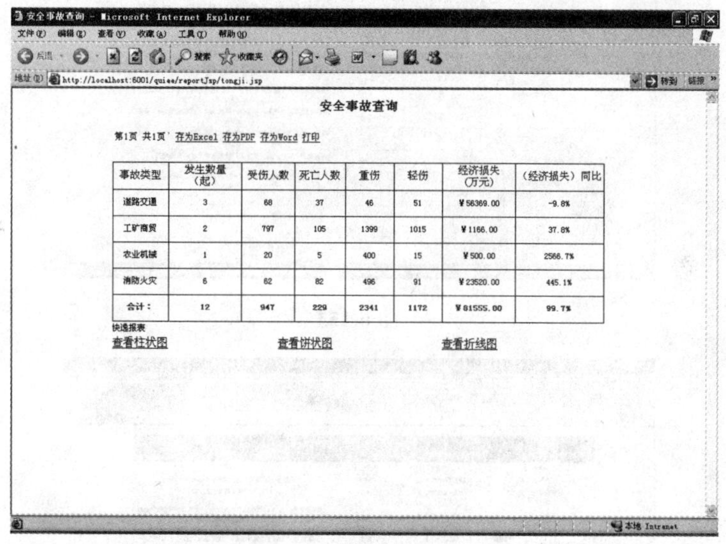

事故类型	发生数量（起）	受伤人数	死亡人数	重伤	轻伤	经济损失（万元）	（经济损失）同比
道路交通	3	68	37	46	51	¥56369.00	-9.8%
工矿商贸	2	797	105	1399	1015	¥1166.00	37.8%
农业机械	1	20	5	400	15	¥500.00	2566.7%
消防火灾	6	62	82	496	91	¥23520.00	445.1%
合计：	12	947	229	2341	1172	¥81555.00	99.7%

图 6-151

检索条件包括行政区域（市、区县、乡镇）和报表内容（某一危险源、所有危险源）。

汇总方式包括 5 种：下级地区、企业种类、企业经济类型、企业所属行业；同类重大危险源；同级重大危险源；按区域级别分层次汇总；重大危险源类型。

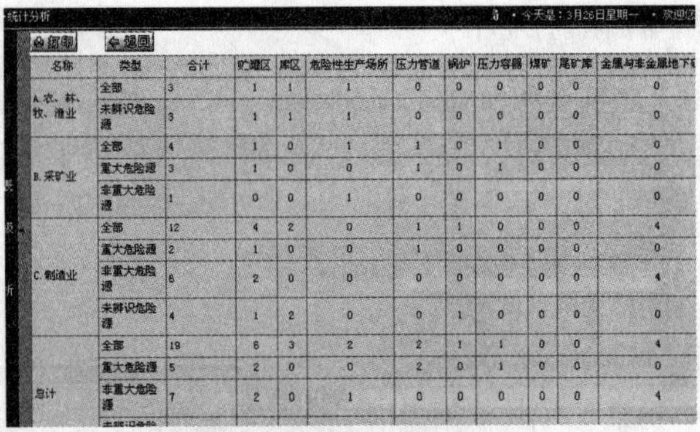

名称	类型	合计	贮罐区	库区	危险性生产场所	压力管道	锅炉	压力容器	煤矿	尾矿库	金属与非金属地下矿
A.农、林、牧、渔业	全部	3	1	1	1	0	0	0	0	0	0
	未辨识危险源	3	1	1	1	0	0	0	0	0	0
B.采矿业	全部	4	1	0	1	1	0	1	0	0	0
	重大危险源	3	1	0	0	1	0	1	0	0	0
	非重大危险源	1	0	0	1	0	0	0	0	0	0
C.制造业	全部	12	4	2	0	1	1	0	0	0	4
	重大危险源	2	1	0	0	1	0	0	0	0	0
	非重大危险源	6	2	0	0	0	0	0	0	0	4
	未辨识危险源	4	1	2	0	0	1	0	0	0	0
总计	全部	19	6	3	2	2	1	1	0	0	4
	重大危险源	5	2	0	0	2	0	1	0	0	0
	非重大危险源	7	2	0	1	0	0	0	0	0	4

图 6-152

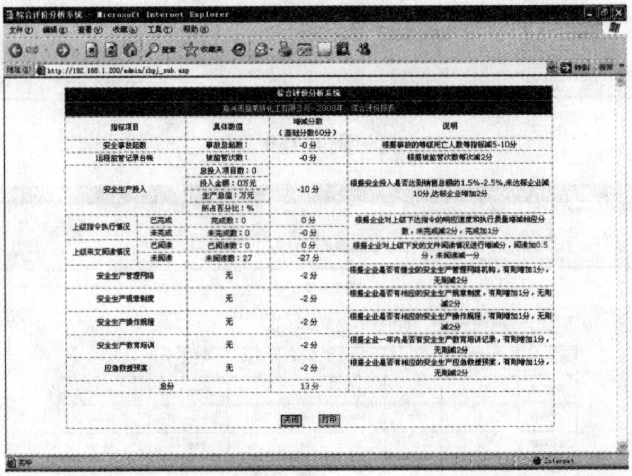

综合评价分析系统

指标项目		具体数值	增减分数（基础分数60分）	说明
安全事故起数		事故总起数：	-0 分	根据事故的等级死亡人数等指标减5-10分
远程监管记录台帐		被监管次数：	-0 分	根据被监管次数每次减2分
安全生产投入		总投入项目数：0	-10 分	根据安全投入是否达到销售总额的1.5%-2.5%,未达标企业减10分,达标企业增加2分
		投入金额：0万元		
		生产总值：万元		
		所占百分比：%		
上级指令执行情况	已完成	完成数：0	0 分	根据企业对上级下达指令的响应速度和执行质量增减相应分数，未完成减2分，完成加1分
	未完成	未完成数：0	-0 分	
上级来文阅读情况	已阅读	已阅读数：0	0 分	根据企业对上级下发的文件阅读情况进行增减分，阅读加0.5分，未阅读减一分
	未阅读	未阅读数：27	-27 分	
安全生产管理网络		无	-2 分	根据企业是否有健全的安全生产管理网络机构，有则增加1分，无则减2分
安全生产规章制度		无	-2 分	根据企业是否有相应的安全生产规章制度，有则增加1分，无则减2分
安全生产操作规程		无	-2 分	根据企业是否有相应的安全生产操作规程，有则增加1分，无则减2分
安全生产教育培训		无	-2 分	根据企业一年内是否有安全生产教育培训记录，有则增加1分，无则减2分
应急救援预案		无	-2 分	根据企业是否有相应的安全生产应急救援预案，有则增加1分，无则减2分
总分			13 分	

图 6-153

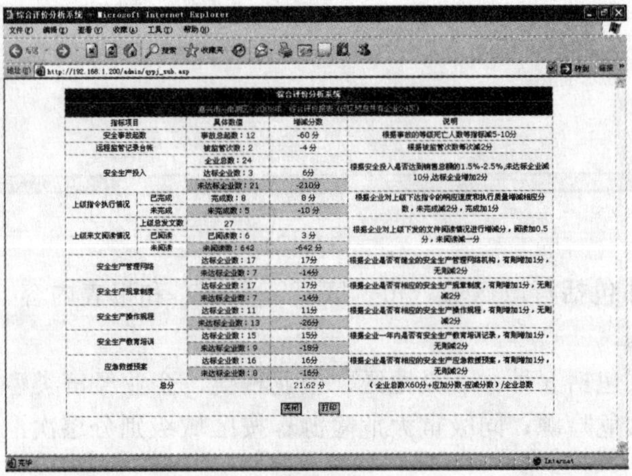

综合评价分析系统

指标项目		具体数值	增减分数	说明
安全事故起数		事故总起数：12	-60 分	根据事故的等级死亡人数等指标减5-10分
远程监管记录台帐		被监管次数：2	-4 分	根据被监管次数每次减2分
安全生产投入		企业总数：24		根据安全投入是否达到销售总额的1.5%-2.5%,未达标企业减10分,达标企业增加2分
		达标企业数：3	6分	
		未达标企业数：21	-210分	
上级指令执行情况	已完成	完成数：8	8 分	根据企业对上级下达指令的响应速度和执行质量增减相应分数，未完成减2分，完成加1分
	未完成	未完成数：5	-10 分	
上级来文阅读情况	上级总发文数	27		根据企业对上级下发的文件阅读情况进行增减分，阅读加0.5分，未阅读减一分
	已阅读	已阅读数：6	3 分	
	未阅读	未阅读数：642	-642 分	
安全生产管理网络		达标企业数：17	17分	根据企业是否有健全的安全生产管理网络机构，有则增加1分，无则减2分
		未达标企业数：7	-14分	
安全生产规章制度		达标企业数：17	17分	根据企业是否有相应的安全生产规章制度，有则增加1分，无则减2分
		未达标企业数：7	-14分	
安全生产操作规程		达标企业数：11	11分	根据企业是否有相应的安全生产操作规程，有则增加1分，无则减2分
		未达标企业数：13	-26分	
安全生产教育培训		达标企业数：15	15分	根据企业一年内是否有安全生产教育培训记录，有则增加1分，无则减2分
		未达标企业数：9	-18分	
应急救援预案		达标企业数：16	16分	根据企业是否有相应的安全生产应急救援预案，有则增加1分，无则减2分
		未达标企业数：8	-16分	
总分			21.62 分	（企业总数X60分+应加分数-应减分数）/企业总数

图 6-154

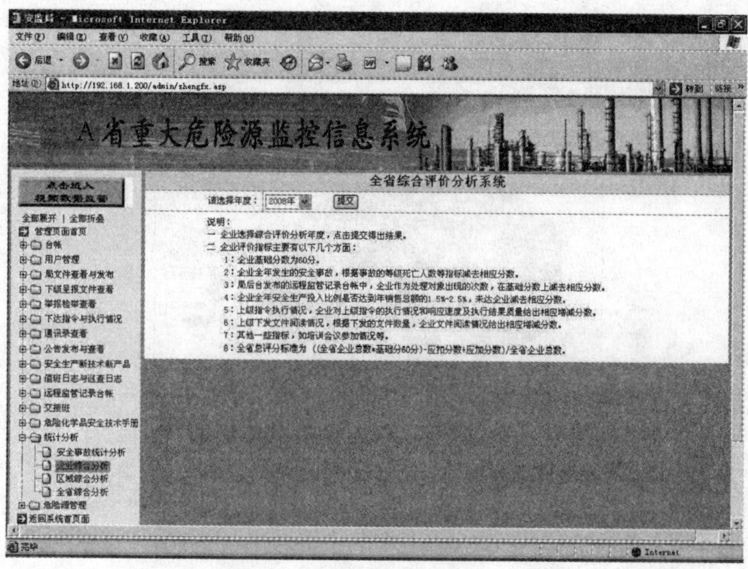

图 6-155

重大危险源图形分析功能：安监局可选择分析方式和分析内容，对所管辖区域的重大危险源普查情况形成图形分析结果，包括趋势图、圆饼图及柱形图。

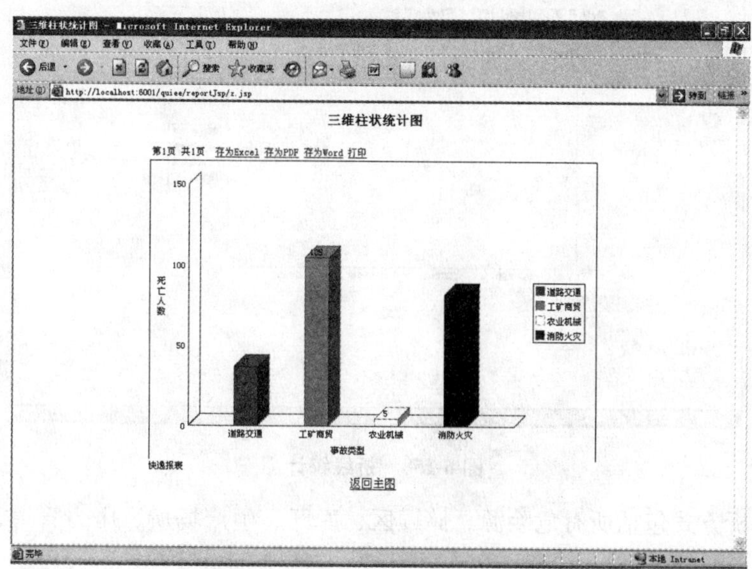

图 6-156　三维柱状统计图

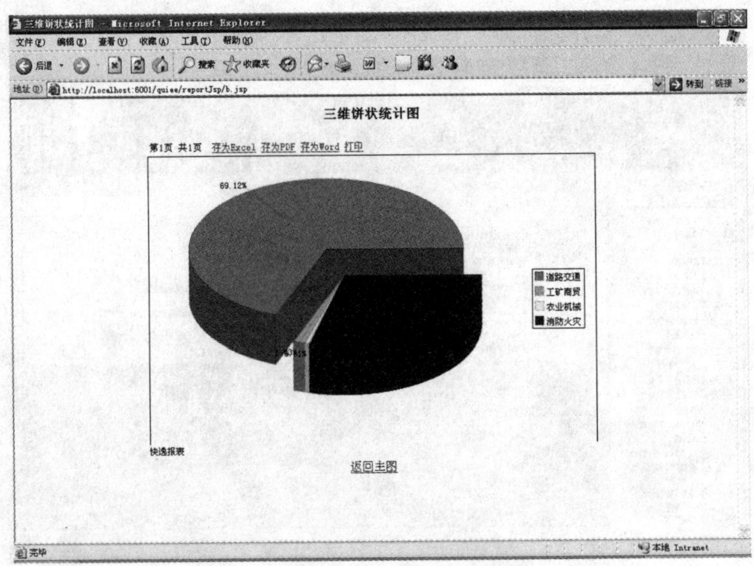

图 6-157　三维饼状统计图

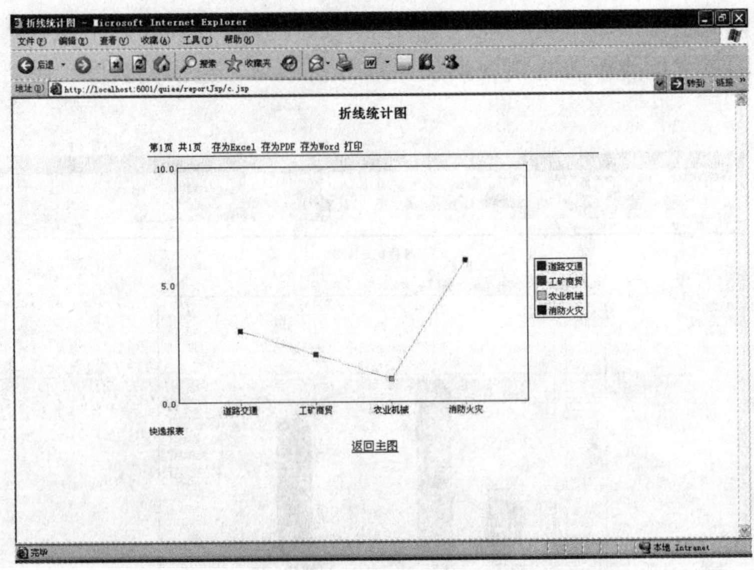

图 6-158　折线统计图

分析方式包括所有危险源、储罐区、库区、生产场所、压力管道、锅炉、压力容器、煤矿和尾矿库。

分析内容包括下级地区、重大危险源类型、企业种类、经济类型和行业类型。

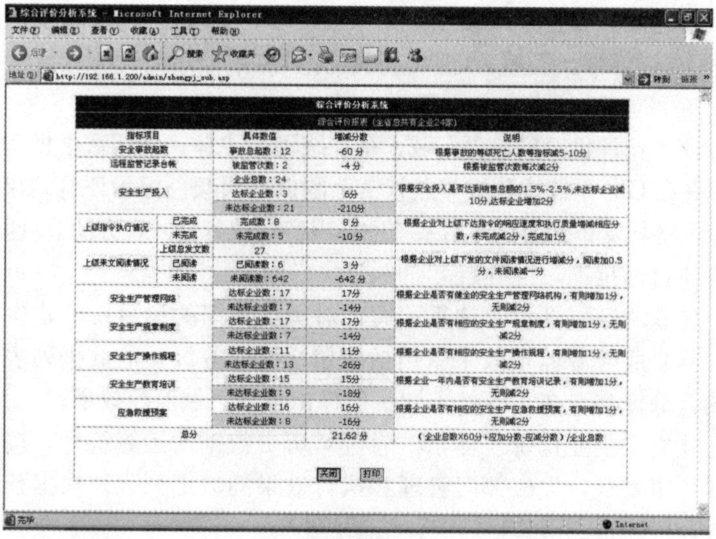

综合评价分析系统 - Microsoft Internet Explorer

http://192.168.1.200/admin/shengpj_sub.asp

综合评价分析系统				
综合评价报表（全省总共有企业24家）				
指标项目		具体数值	增减分数	说明
安全事故起数		事故总起数：12	-60 分	根据事故的等级死亡人数等指标减5-10分
远程监管记录台帐		被监管次数：2	-4 分	根据被监管次数每次减2分
安全生产投入		企业总数：24		根据安全投入是否达到销售总额的1.5%-2.5%,未达标企业减10分,达标企业增加2分
		达标企业数：3	6分	
		未达标企业数：21	-210分	
上级指令执行情况	已完成	完成数：8	8 分	根据企业对上级下达指令的响应速度和执行质量增减相应分数，未完成减2分，完成加1分
	未完成	未完成数：5	-10 分	
上级来文阅读情况	上级总发文数	27		根据企业对上级下发的文件阅读情况进行增减分，阅读加0.5分，未阅读减一分
	已阅读	已阅读数：6	3 分	
	未阅读	未阅读数：642	-642 分	
安全生产管理网络		达标企业数：17	17分	根据企业是否有健全的安全生产管理网络机构，有则增加1分，无则减2分
		未达标企业数：7	-14分	
安全生产规章制度		达标企业数：17	17分	根据企业是否有相应的安全生产规章制度，有则增加1分，无则减2分
		未达标企业数：7	-14分	
安全生产操作规程		达标企业数：11	11分	根据企业是否有相应的安全生产操作规程，有则增加1分，无则减2分
		未达标企业数：13	-26分	
安全生产教育培训		达标企业数：15	15分	根据企业一年内是否有安全生产教育培训记录，有则增加1分，无则减2分
		未达标企业数：9	-18分	
应急救援预案		达标企业数：16	16分	根据企业是否有相应的安全生产应急救援预案，有则增加1分，无则减2分
		未达标企业数：8	-16分	
总分			21.62 分	（企业总数X60分+应加分数-应减分数）/企业总数

关闭　打印

图 6-159

http://192.168.1.200 - 安监局 - Microsoft Internet Explorer

编号	656y6y	贮罐区名称	hyhyh
具体位置	3232		
所处环境功能区	商业区	贮罐区面积（m²）	33
有无堤防	否	堤防所围面积（m²）	3
贮罐个数	2	罐间最小距离（m）	32

相同贮罐个数		贮罐编号		贮罐形状		贮罐形式	
罐名称描述							
安装形式		贮罐材质		公称直径		容积	
贮存物质名称	三硝基间苯二酚铅	现存物质总量	0	物质状态		日常最大贮存量	
设计压力		实际工作压力		设计温度		实际工作温度	
设计使用年限		投产时间		进料方式		出料方式	
进料管道	直径		设计压力		实际工作压力		
出料管道	直径		设计压力		实际工作压力		

相同贮罐个数		贮罐编号		贮罐形状		贮罐形式	
罐名称描述							
安装形式		贮罐材质		公称直径		容积	
贮存物质名称	雷（酸）汞	现存物质总量	0	物质状态		日常最大贮存量	
设计压力		实际工作压力		设计温度		实际工作温度	
设计使用年限		投产时间		进料方式		出料方式	
进料管道	直径		设计压力		实际工作压力		
出料管道	直径		设计压力		实际工作压力		

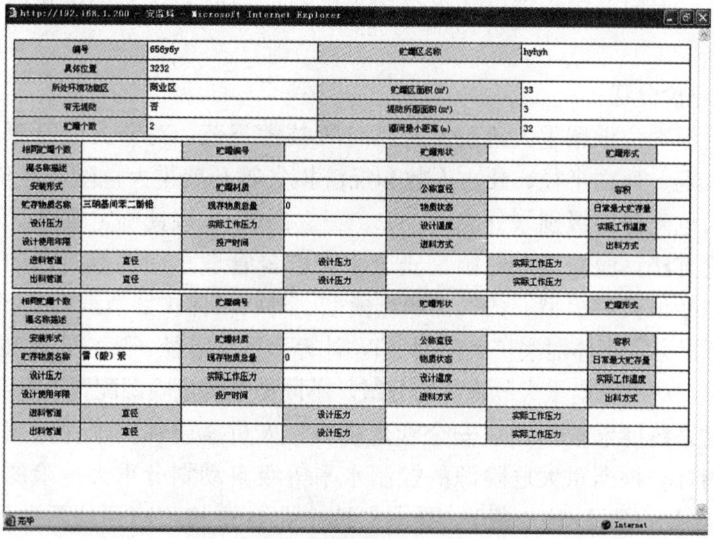

图 6-160

重大危险源输出报表打印功能：提供分析结果的在线缩放、打印、导出功能。

各类信息检索分类：对重大危险源登记信息、各类报送信息、行政执法信息统一进行管理，按照时间、来源、类别、等级、区域进行检索分类，显示危险控制程度、历史巡查记录。

监控信息统计分析：按监控区域（省、市、县）、时间（发生时间、处理时间）、类别、等级、区域、危险控制程度对监控信息进行统计分析，形成相应图表。

综合评价：评价对象包含区域、企业级评价主体。使用数学模型对数据进行分析，并在GIS系统按各级节点管辖范围以不同颜色标示评价结果以供分析决策，并可将其发布到公众网站系统中，以实现政务公开，方便公众监督。

其具体目标是：

(1) 建立“区域评价”体系。通过对历史数据的运算统计，生成单元区域（市、县）危险源监控效果（包括报警情况、等级）的数据列表，根据预先制定的评分标准，在GIS按不同颜色标识单元区域监控效果。

(2) 建立“企业评价”体系。通过对历史数据的运算统计，按照预先制定的企业评审要求，生成部门管理和执行效果的数据列表。根据预先制定的评分标准，以表格的形式显示统计结果。

汇总：对一定时间段（如当天）的信息进行汇总，并形成简报。

预警：对问题较为突出和报警较为频繁的地区和企业发出相应级别的预警信息。

2. 评价分级

评价标准：根据重大危险源评估分级技术规范，对重大危险源可能造成的事故级别、死亡半径、死亡人数和经济损失等开展重大危险源评价与分级，判断重大危险源的级别（分成一、二、三、四级），以便确定重点监管企业。

评价方法：应采用经过国家安全生产监督管理总局权威鉴定的评价分级模型（包括池火灾模型、蒸气云爆炸模型、沸腾液体扩展蒸汽模型、物理爆炸模型、有毒有害气体泄漏扩展模型等），计算出死亡半径、死亡人数和经济损失等指标值，从而确定重大危险源的分级。不同类型的危险源配置不同的模型。

同时系统能够根据企业安全管理制度、人员素质和技术保障三方面的多个评价指标，根据重大危险源的控制水平等级自动划分重大危险源控制级别（分为A、B、C、D这4级）。要求支持企业自评和政府评估两种评价模式。系统根据重大危险源评价分级结果标识重点监管重大危险源和非重点监管重大危险源，以便安监局在管理本辖区时有的放矢。

重大危险源分级结果筛选：能按重大危险源级别和控制级别列出相应的重大危险源情况。例如，将一级重大危险源的企业全部罗列。

重大危险源企业信息查询：可按照企业代码、企业名称、行政区域对重大危险源分级结果及重大危险源信息进行查询。查询结果显示企业对应的重大危险源类型、名称、重大危险源周边环境及应急预案。控制查询权限，市县只可查询对应辖区内的重大危险源企业信息。

6.13 电子地图 GIS 模块设计

电子地图基于地理信息系统（ArcGIS 平台）实现。电子地图操作主要结合在网上巡查等功能子系统中使用。通过地图查询，实现重点危险源的定位和信息查询，并可对视频监控点进行现场图像、数据的监控。主要体现在以下几个方面：

（1）重大危险源的定位、信息查询、辅助决策支持；

（2）视频监控点的图像调用；

（3）业务系统的相关信息在电子地图上叠加显示。

模块功能与技术要求：

地理信息系统应将全省的地理平面和空间信息电子化，为使用者提供直观的空间概念。能够实现有选择地将实际地平面和空间信息加入本监控系统中，并对这些信息进行有效地组织与管理。

（1）采用 B/S 架构，且符合 GIS 技术规范；

（2）系统能够和各业务系统实现无缝集成；

（3）系统能够实现以下搜索分析功能：救援最佳路径计算分析、救援资源搜索、事故影响范围模拟分析功能；

（4）系统能够将矢量电子地图、企业平面图（AutoCAD）进行集成、叠加显示。

（5）省局统一布署 GIS 服务器，二、三级节点通过政务专网实现远程访问。

6.13.1 电子地图 GIS 模块设计思路

考虑到 ArcSDE 软件的强大功能与使用的普遍性，所以选用 ArcSDE 软件，介绍实现电子地图 GIS 模块各项功能的设计思路。

ArcSDE 软件及其工作方式

ArcSDE 属于中间件技术，其本身并不能够存储空间数据，它的作用可以理解为数据库的“空间扩展”。在基于 Oracle 的 ArcSDE 空间数据库中，ArcSDE 保存了一系列 Oracle 对象，用于管理空间信息。这些对象统称为资料档案库（Repository），包含空间数据字典和 ArcSDE 软件程序包。ArcSDE 需要 SDE 用户管理空间资料档案库，这类似于 Oracle 中需要 SYS 用户管理数据字典。Oracle 的数据字典存储在 SYSTEM 表空间中。相应地，在存储

ArcSDE空间资料档案库的时候，也需要使用特定的表空间。通常，为了方便起见，默认使用名称也是SDE的表空间管理空间数据字典。ArcSDE的工作机制中，SDE用户负责ArcSDE与Oracle的交互，通过维护SDE45模式下的空间数据字典以及运行其模式中的程序包来保证空间数据库的读/写一致性。在ArcSDE服务启动的过程中，SDE用户通过Oracle验证，并且创建和维护一个Oracle会话连接，连接的程序便是giomgr，即ArcSDE服务器管理进程，该进程一直存在，负责监听用户连接请求，分配相应的gsrvr管理进程，进行空间数据字典的维护。SDE（Spatial Database Engine）将空间数据与其相应的属性数据统一的放到工业标准关系数据库中进行管理，同时采取开放策略，提供标准的应用程序接口（API），这使得海量空间数据的管理获得了一种较为理想的模式。同时，使得面向多（大量）用户、在广域网上以真正的客户、服务器方式提供空间数据访问服务成为可能，从而为面向企业和面向社会GIS提供了高效的服务器解决方案。

ArcSDE是ESRI为ARC/INFO用户提供的SDE软件包。ArcSDE包含两个服务器：SDE for RDBMS（即通常所说的SDE）和SDE for Coverage。ArcSDE作为空间数据库解决方案，应用非常广泛。从空间数据管理的角度来看，SDE可看成是一个连续的空间数据模型，借助这一模型，可将空间数据加入到关系数据库管理系统（RDBMS）中去。SDE融入RDBMS后，提供了对空间、非空间数据进行高效率操作的数据库接口。由于SDE采用的是客户端/服务器（Client/Server）体系结构，大量用户可同时针对同一数据进行操作。SDE提供了应用程序接口（API），开发人员可将空间数据检索和分析功能集成到他们的应用工程中去。例如，房地产应用可返回用城市或邮政编码检索的房屋列表及描述。用SDE，该应用可包含空间信息，只要将房屋的位置、街道路网以及学校和商业区等特定区域位置存放到数据库中即可。有了这些信息，房地产代理商就能拿到譬如位于某座房屋1～2公里范围内的学校及商店的位置列表，得到这一区域的图形信息，打印输出街道、公共建筑和可用房屋的位置图等。客户端应用是最终用户运行的软件，它可以是ArcView、MapObjects或ARC/INFO的应用，也可以是用户为某一特定工程开发的应用。与客户端应用结合的是SDE客户库（Client Library），这是一个程序设计接口，用于处理客户端应用提出的请求。

在服务器端，有SDE服务器处理程序、关系数据库管理系统和实际的数据。服务器在本地执行所有的空间搜索和数据提取工作，它仅将满足搜索条件的数据在服务器端缓冲存放并发回到客户端。缓冲处理收集大块的数据，然后将整个缓冲区中的数据发往客户端应用，而不是一次只发一条记录。在服务器端处理并缓冲的方法大大提高了效率，并使网上荷载大大降低。这在应用操纵数据库中成百上千万的记录时变得至关重要。

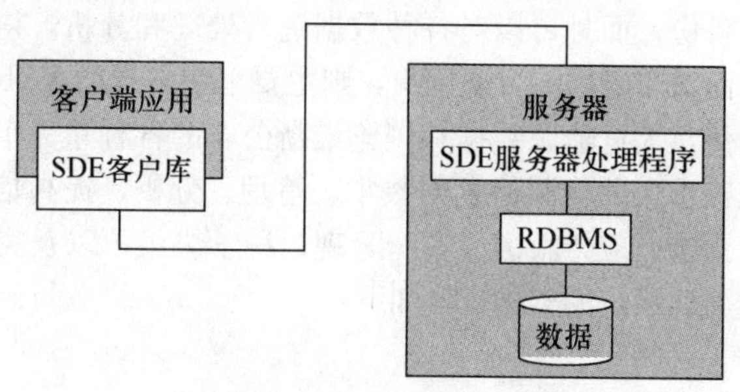

图 6-161　SDE 体系结构示意图

SDE 采用协作处理方式，即处理既可在 SDE 客户库一端，也可在 SDE 服务器一端，取决于具体的处理在哪一端更快。有的功能不需要与服务器通信，像多边形叠加和分割这类主要耗费 CPU 资源的任务由客户库来完成最好，这样可避免大量的网上操作。所有的服务器任务都是在 SDE 服务器所在的平台上完成的。而客户端应用则可运行于多种不同的平台和环境，去访问同一个 SDE 服务器和数据库。

使用 ArcSDE 软件的优点：

（1）可以有弹性的选择数据库的规模和大小。

（2）可以使用关系数据库进行空间数据的存储。

（3）可以在 Windows NT 或 UNIX 上提供地理数据服务。

（4）可以向其他的应用程序，比如 MapObject、ArcIMS、ArcView GIS 和 CAD 客户端应用程序提供数据服务。

（5）可以中央化存储和管理 Geodatabase。

（6）可以集成与 OGC 标准相符的应用程序。

（7）可以使用结构化查询语句（SQL）应用程序来访问 Geodatabase 的表和记录。

基于 GIS 的重大危险源监控管理系统总体框架，根据客户需求分析，选择 Oracle10i 作为后台数据库，利用 Geodatabase 在关系表中存储空间和属性数据。此外，还存储地理数据的模式和规则。利用 GIS 软件和数据库共同完成地理数据的管理。某些数据管理，如磁盘存储、属性数据类型的定义和多用户的事务处理都是由数据库完成的。GIS 应用软件则通过定义 DBMS 表，用来表示各种地理数据和特定领域内的逻辑，以及维护数据的完整性和实用性。以 ESRI ArcSDE 作为数据存取的中间件，实现数据的并发控制、事务处理与安全共享。以成熟的商用产品作为应用服务器，采用 Visual Basic 6.0＋

MapObjects2.2开发重大危险源监控管理系统。同时针对不同层次的用户采用不同的应用方案，如对于管理层次的用户，可以对数据库进行管理、更新和维护，以及进行数据的备份，而且可以对各种数据进行处理和分析，得出各种数据结果和处理方案；而对于底层的普通用户，则主要采用常规的Web页面与系统进行交互，可以上传重大危险源数据和浏览最新公布的各种重大危险源数据，以期达到规范和完善重大危险源信息的收集、整理、分析，提高信息质量；提高重大危险源事件预警、应急救援、安全管理、科学决策，以及突发公共安全事件的应急指挥能力。系统的架构设计如下：

系统架构

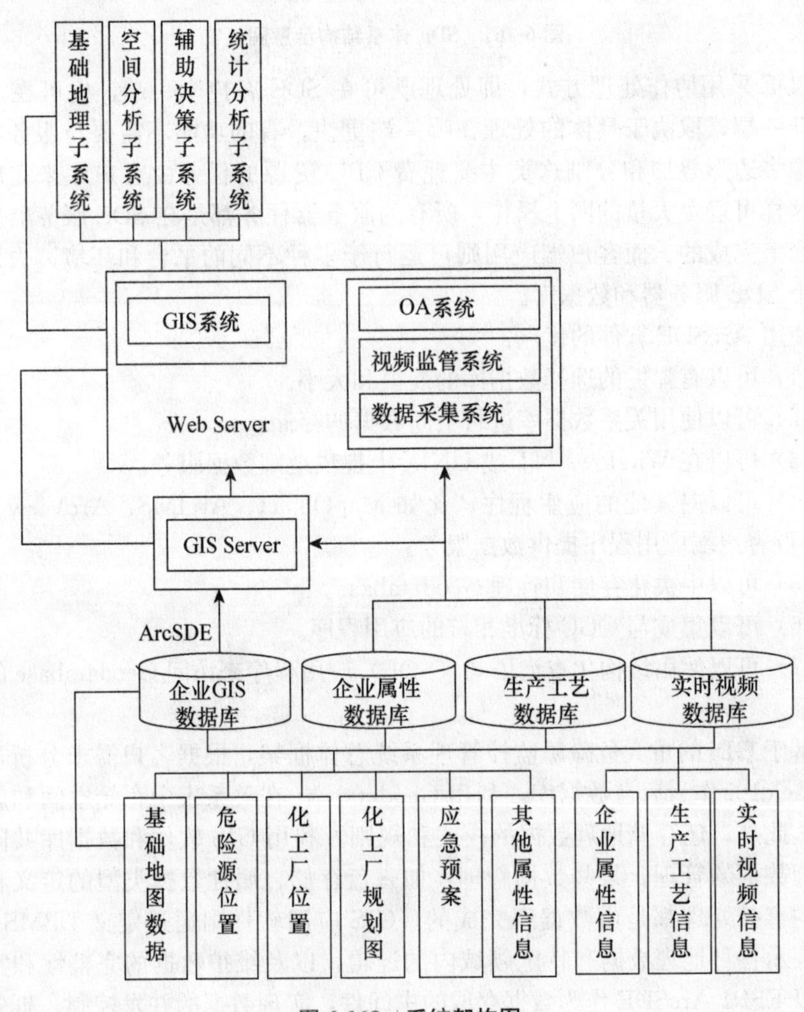

图6-162　系统架构图

● 应用层：包含开发的应用系统、GIS 和管理系统。

● 服务器：为应用系统提供 Web 服务器，宿主 ArcGIS Server 的服务。

● 数据层：系统赖以运行的核心数据，包括基础地图数据、化工厂位置、危险源位置、化工厂规划图等空间数据以及其他属性数据。数据层是需要客户提供的。

6.13.2　数据层结构

1. 基础地图数据

包括行政区划、道路、河流和地形等背景信息。

2. 化工厂位置

GIS 里面表现为点图层，表征化工厂在地图上的地理位置。化工厂点图层表结构定义，如表 6-10 所示。

表 6-10　化工厂位置表

字段名	类型	说明
FID	Int	化工厂的唯一标识 ID
NAME	String	化工厂的名称
SGLB1	Int	事故类型 1 发生的次数
SGLB2	Int	事故类型 2 发生的次数
URL1	String	资源的链接字符（视频监控）
URL2	String	资源的链接字符（应急预案）

3. 危险源位置

GIS 里面表现为点图层，表征危险源在地图上的地理位置。危险源点图层表结构定义，如表 6-11 所示。

表 6-11　危险源位置表

字段名	类型	说明
FID	Int	危险源的唯一标识 ID
NAME	String	危险源的名称
FNAME	String	归属的化工厂名称
LEVEL	Short	危险源等级
COUNT	Int	危险源数量

续前表

字段名	类型	说明
…		

6.13.3 化工厂规划图

化工厂规划图不是单一的图层，暂且定为包括化工厂的平面规划图层、储物罐图层、危险源图层和摄像头图层。

1. 平面规划图层

平面规划图层为面层，表征化工厂的占地区域，如表 6-12 所示。

表 6-12 平面规划图层表

字段名	类型	说明
FID	Int	化工厂的唯一标识 ID
NAME	String	化工厂的名称
…		

2. 储物罐图层

储物罐图层为面图层，表征储物罐的占地区域，如表 6-13 所示。

表 6-13 储物灌图层表

字段名	类型	说明
FID	Int	储物罐的唯一标识 ID
NAME	String	储物罐的名称
FNAME	String	储物罐的化工厂名称
WNAME	String	危险源的名称
LEVEL	Short	危险源等级
COUNT	Int	危险源数量
…		

3. 危险源图层

GIS 里面表现为点图层，表征危险源在地图上的地理位置。危险源点图层表结构定义，如表 6-14 所示。

表 6-14　危险源图层表

字段名	类型	说明
FID	Int	危险源的唯一标识 ID
NAME	String	危险源的名称
FNAME	String	归属的化工厂名称
LEVEL	Short	危险源等级
COUNT	Int	危险源数量
…		

4. 摄像头图层

GIS 里面表现为点图层，表征摄像头在地图上的地理位置。摄像头点图层表结构定义，如表 6-15 所示。

表 6-15　摄像头图层表

字段名	类型	说明
FID	Int	摄像头的唯一标识 ID
NAME	String	摄像头的名称
FNAME	String	归属的化工厂名称

6.13.4　GIS 功能的应用设计

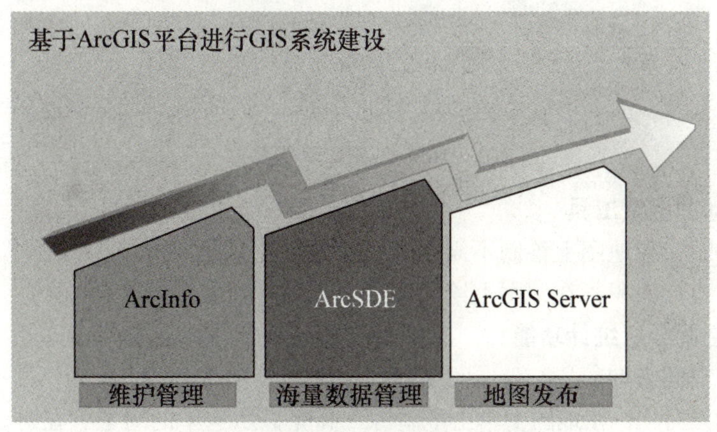

图 6-163　GIS 功能的应用设计图

图 6-164　系统功能图

具体功能介绍如下：

1. 地图显示、操作、控制功能

地图显示界面（含放大、缩小、漫游、全局图、鹰眼图、放大镜、前一视图和后一视图），如图 6-165 所示。

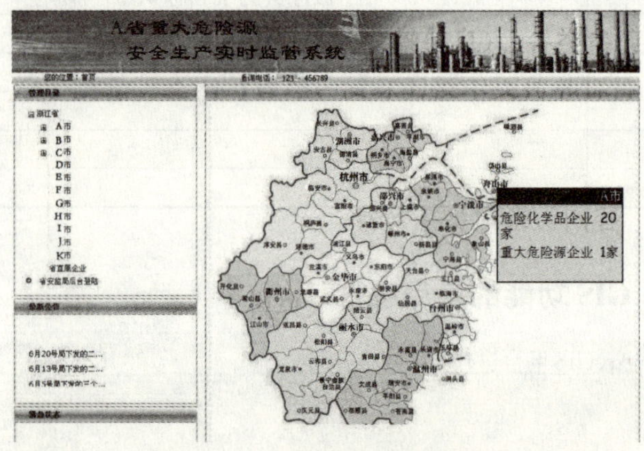

图 6-165　地图显示界面图

2. 地图测量工具

- 测距：在地图上绘制不规则的线路并统计其距离。
- 多边形面积：在地图上绘制多边形并统计其覆盖的区域面积。

3. 空间分析统计功能

（1）空间查询。

● 选择对象：在地图上单击危险源，高亮显示选中的对象。在对话框中返回其属性，通过链接可以浏览对象的图像、档案等其他信息，如图 6-166 所示。

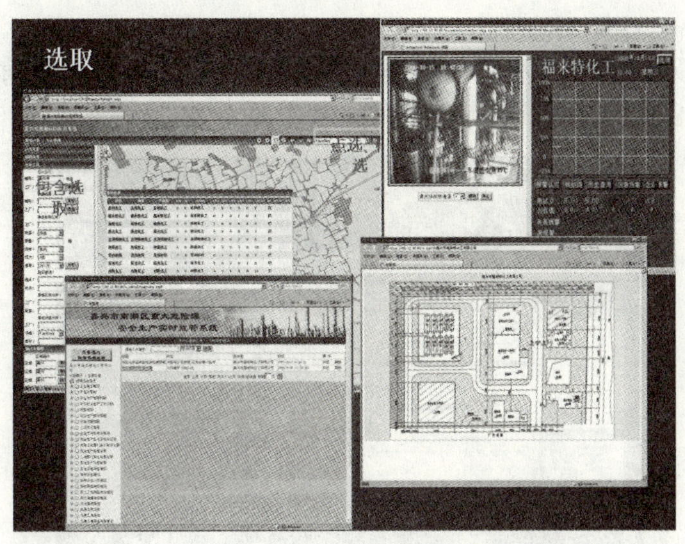

图 6-166

● 多边形选取：在地图上绘制不规则的多边形，多边形包含的危险源被选中，并高亮显示。在对话框中返回其属性，通过链接可以浏览对象的图像、档案等其他信息。

● 包含选取：指定行政区域，该行政区域包含的危险源被选中，并高亮显示。在对话框中返回其属性，通过链接可以浏览对象的图像、档案等其他信息。

(2) 快速定位。

使用对象基本属性快速定位至对象，选中的对象高亮显示，并在地图中心显示，如图 6-167 所示。

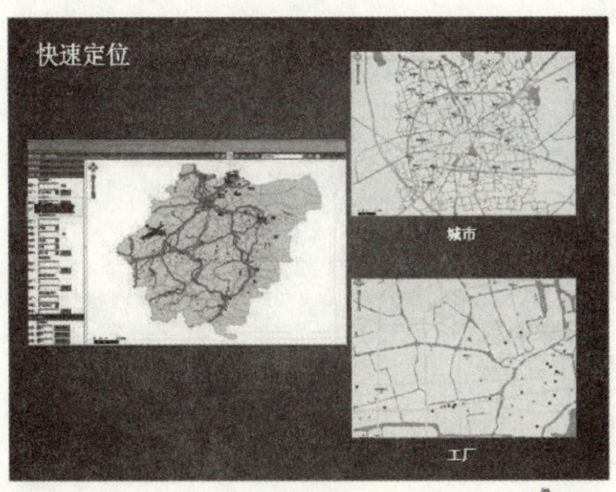

图 6-167

(3) 统计查询（SQL 查询）。

提供 SQL 查询的构造器，构造基于图层属性的复杂 SQL 查询，符合条件的对象高亮显示，如图 6-168 所示。

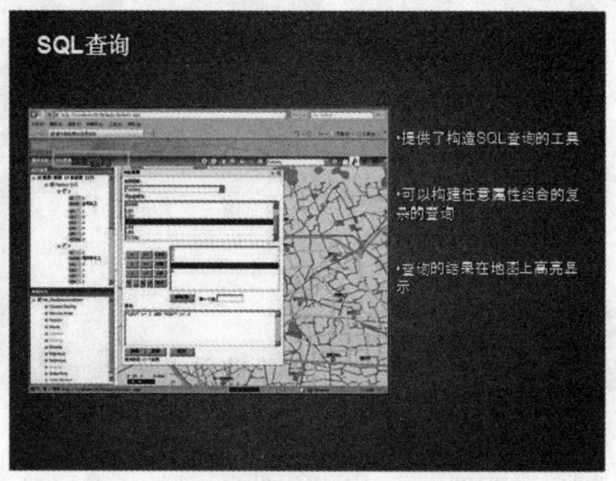

图 6-168　SQL 查询图

4. 应急辅助决策功能

通过对危险源信息的分析，根据设定的条件进行超标预警，同时对事故发生后的影响范围进行估计分析，以及对事故救援和人员撤离等提供决策支持。

(1) 危险源预警。

适时监测危险源的状态，如果超过安全限制条件，在地图上动态标示。如图 6-169 所示。

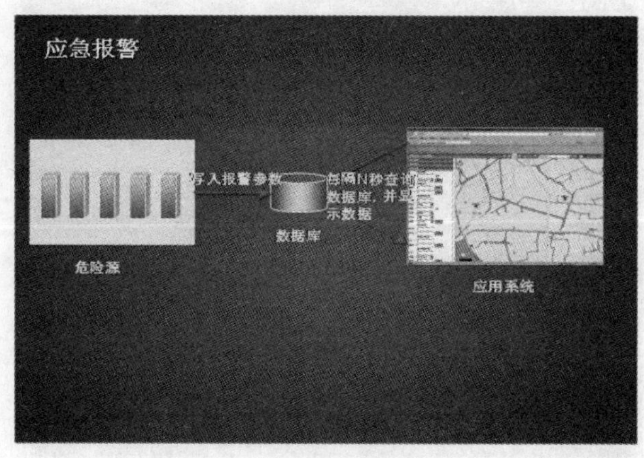

图 6-169

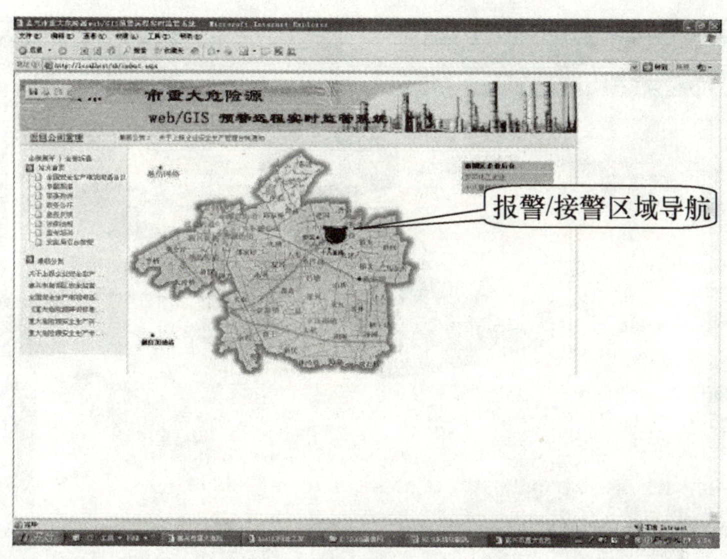

图 6-170

(2) 影响区域分析。

危险源的影响区域模型，以危险源为中心，指定危险预案物质、质量、风向、风力和温度条件，根据影响模型计算事故的影响区域，在地图上绘制其影响区域，并统计区域内的相关数据（居民区、人口数等）。

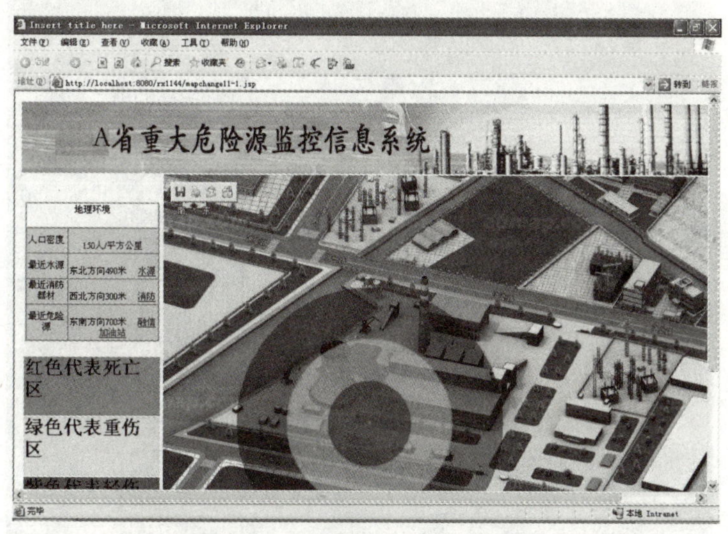

图 6-171

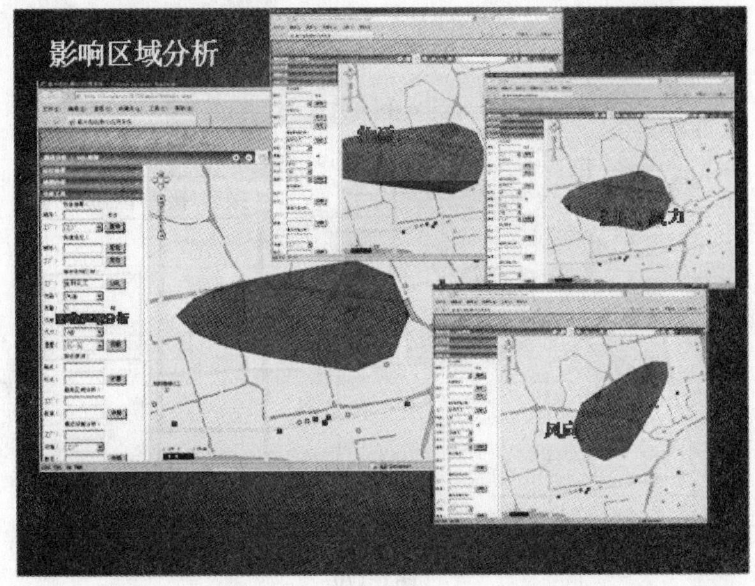

图 6-172

(3) 最近设施查询。

对离危险源最近的设施进行查询（医院、消防设施和其他救援设施），如图 6-173 所示。

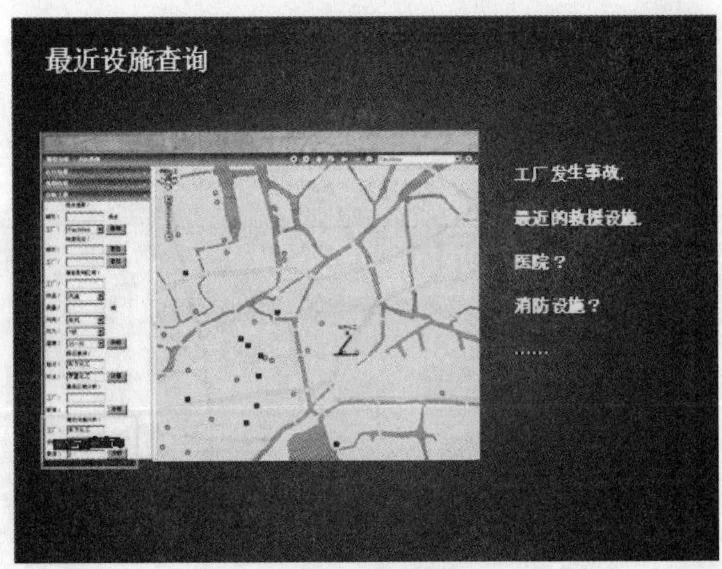

图 6-173　最近设施查询图

最短救援路径分析，计算地图上指定两点间的最短路径，如图 6-174 所示。

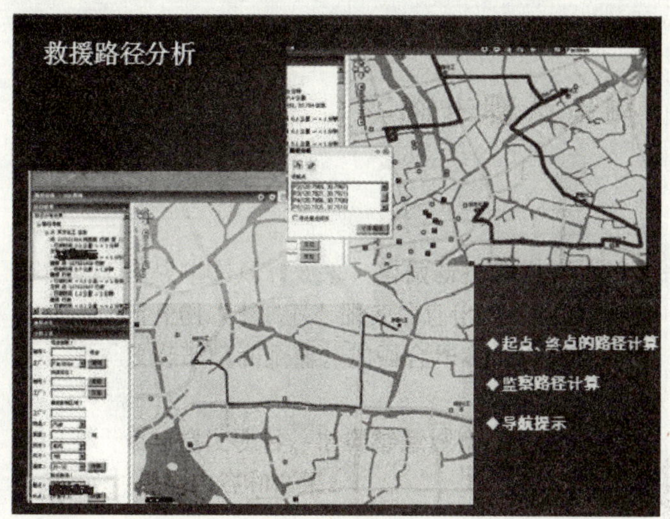

图 6-174　救援路径分析图

5. 专题图分析

（1）区域统计专题图。

区域统计专题图包括：

行政区域事故次数统计专题（密度图、柱状图）。

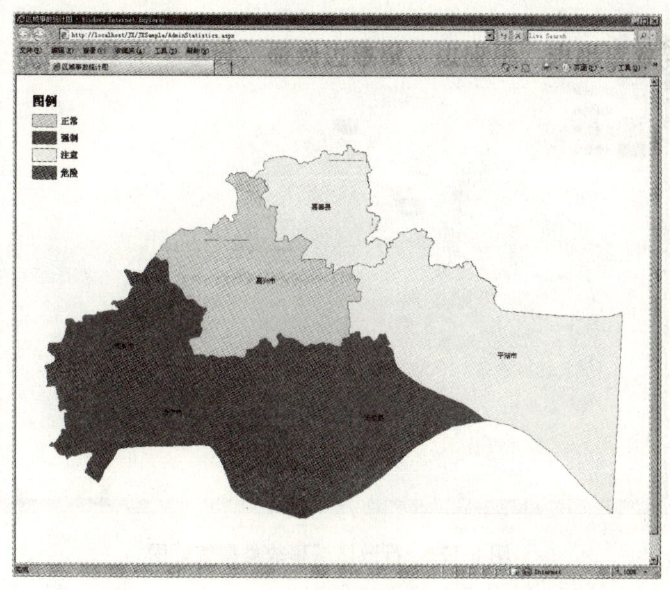

图 6-175　密度图

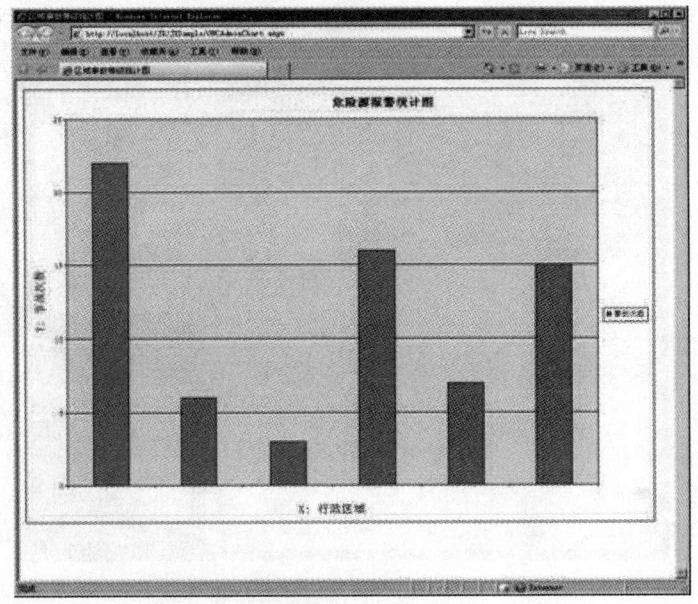

图 6-176　柱状图

行政区域事故类型统计专题。

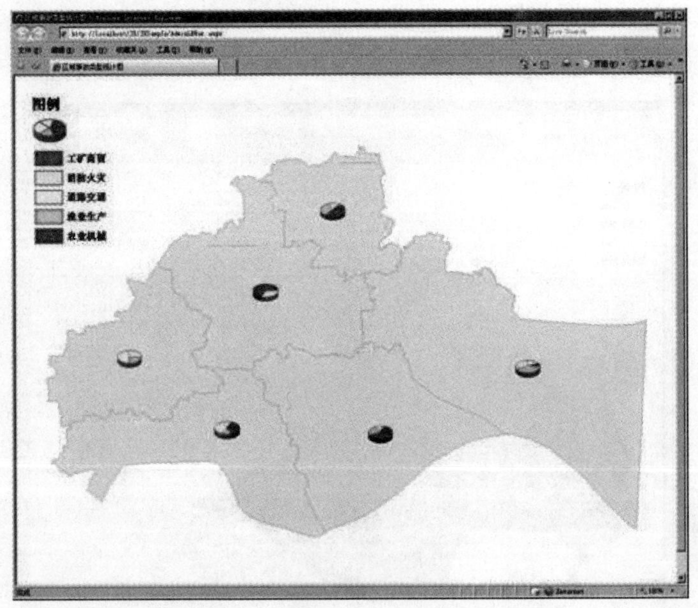

图 6-177　行政区域事故类型统计图

行政区域事故次数按月统计专题。

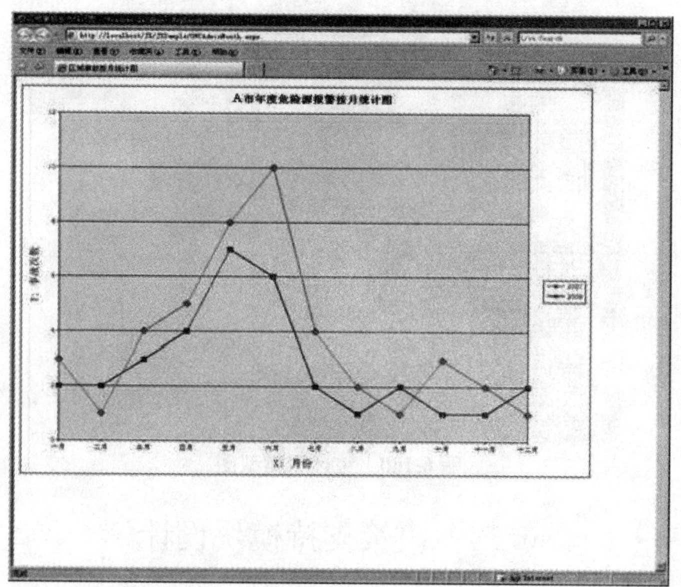

图 6-178　行政区域事故次数按月统计图

（2）危险源统计专题图。

危险源统计专题图包括：

（3）危险源事故次数统计专题（密度图、柱状图）、危险源事故类型统计专题、危险源事故次数按月统计专题。

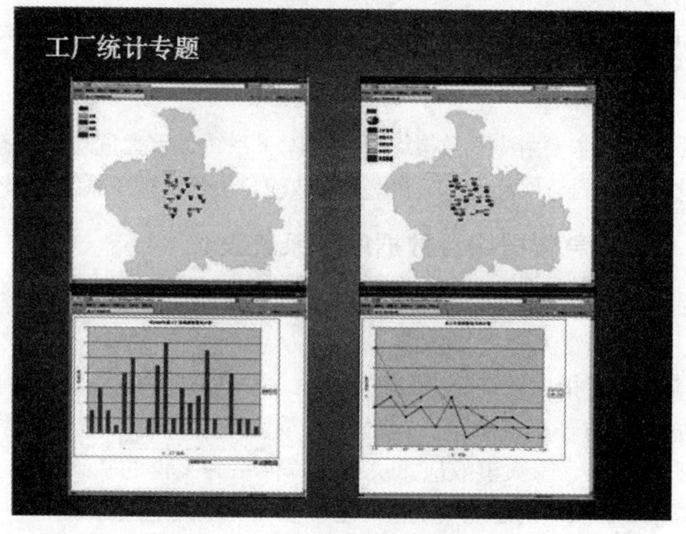

图 6-179　工厂统计专题图

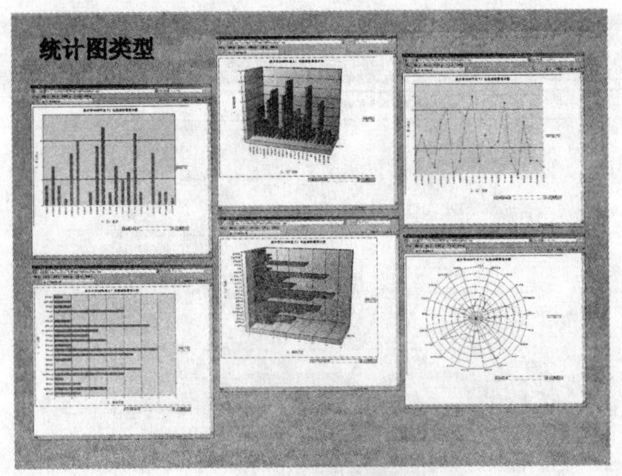

图 6-180　统计图类型图

6.14　决策支持模块设计

决策支持主要应用于辅助指挥调度、危险源危害评估等，包括以下功能：

(1) 重大危险源识别；

(2) 重大危险源决策知识、模型管理；

(3) 根据危险源地点及危险影响程度，辅助制定救援资源分配、最佳路线选定（救援、疏散）、危害预估（如次生危害评估）以辅助指挥调度；

(4) 对网上巡查和处置时的决策数据进行管理；

(5) 与用户进行对话、接收命令，提供决策结果的交互环境。

6.14.1　应急救援指挥系统软件组成

指挥系统软件主要由应急救援综合数据库子系统、重大危险源动态监管子系统、重大危险源监测与预警子系统和重大事故应急决策支持子系统 4 部分组成。

6.14.2　应急救援综合数据库子系统设计

一旦发生重大事故，事故的应急指挥需要掌握事发企业的基本情况、危险源情况、应急预案及救援措施等。

要让应急决策指挥系统充分发挥作用，首先要建立安全生产数据库中心，包括重大危险源的普查、申报。这是建立重大危险源分级监管体系、重大危险源动态监控体系、重大事故应急决策指挥体系等工作的基础。

为了高效、高质量的建成安全生产基本情况及重大危险源数据库中心，保证安全生产数据库上能和上级安监部门有关系统进行接口，下能与企业有关系统进行接口，安全生产数据普查、申报系统必须依据国家安监局有关企业基本情况及重大危险源普查最新要求进行设计与开发，以方便不同情况企业的申报工作。

安全生产基本情况及重大危险源普查、申报平台技术规格如表 6-10 所示。

表 6-16　重大危险源普查、申报平台技术规格说明

项次	子模块名称	功能要求	备注
1	系统管理	权限管理、数据上报、数据接收、数据导入、申报参数设置、许可管理、日志管理	包括企业申报版和政府管理版功能
2	数据管理	数据增加、修改、删除	包括企业基本情况及 9 大重大危险源各项数据的管理
3	统计分析	企业基本情况及重大危险源统计分析生成文字报表和统计图	可以按企业分布地区、经济类型、行业类型、危险源类等多种方式进行统计分析

除了企业重大危险源基本信息数据库外，该子系统还包括安全生产其他基本信息数据库，如法律法规数据库、应急预案数据库、危化品理化性质数据库和典型事故案例数据库等。

危化品理化性质数据库界面如下：

危险化学品安全标签

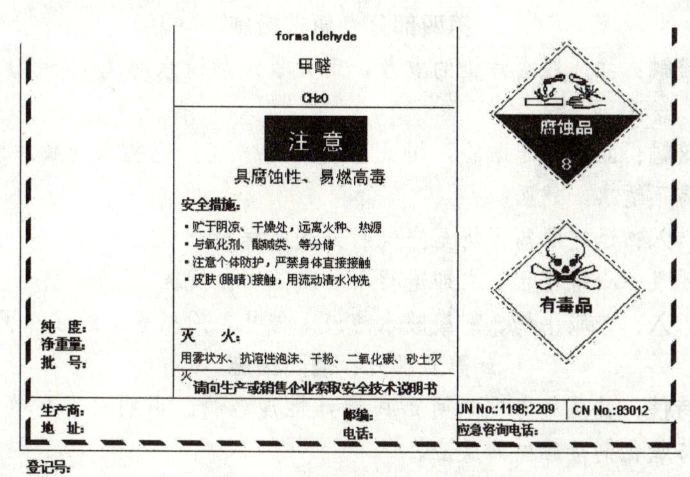

图 6-181

安全技术说明书

化学品安全技术说明书

第一部分　化学品及企业标识

化学品中文名：甲醛

化学品英文名：formaldehyde；methanal

第二部分　成分/组成信息

纯品　　　　　　　　√混合物

有害物成分	浓度	CAS No
甲醛		50—00—0

第三部分　危险性概述

危险性类别：第 8.3 类其他腐蚀品

侵入途径：吸入、食入

健康危害：本品对黏膜、上呼吸道、眼睛和皮肤有强烈刺激性。接触其蒸气，引起结膜炎、角膜炎、鼻炎、支气管炎；重者发生喉痉挛，声门水肿和肺炎等。肺水肿较少见。对皮肤有原发性刺激和致敏作用，可致皮炎；浓溶液可引起皮肤凝固性坏死。口服灼伤口腔和消化道，可发生胃肠道穿孔，休克，肾和肝脏损害。

慢性影响　长期接触低浓度甲醛可有轻度眼、鼻、咽喉刺激症状，皮肤干燥、皲裂、甲软化等。

甲醛对人有致癌性。

环境危害：对水体、土壤和大气可造成污染。

燃爆危险：易燃，其蒸气与空气混合，能形成爆炸性混合物。

第四部分　急救措施

皮肤接触：立即脱去污染的衣着，用大量流动清水冲洗 20～30 分钟。如有不适感，就医。

眼睛接触：立即提起眼睑，用大量流动清水或生理盐水彻底冲洗 10～15 分钟。如有不适感，就医。

吸　　入：迅速脱离现场至空气新鲜处。保持呼吸道通畅。如呼吸困难，给输氧。呼吸、心跳停止，立即进行心肺复苏术。就医。

食　　入：口服牛奶、醋酸胺水溶液。催吐，用稀氨水溶液洗胃。就医。

第五部分：消防措施

危险特性：其蒸气与空气可形成爆炸性混合物。遇明火、高热能引起燃烧爆炸。与氧化剂接触猛烈反应。

有害燃烧产物：一氧化碳。

灭火方法：用雾状水、抗溶性泡沫、干粉、二氧化碳、砂土灭火。

灭火注意事项及措施：消防人员须佩戴防毒面具、穿全身消防服，在上风向灭火。尽可能将容器从火场移至空旷处。喷水保持火场容器冷却，直至灭火结束。处在火场中的容器若已变色或从安全泄压装置中产生声音，必须马上撤离。

第六部分　泄漏应急处理

应急行动：根据液体流动和蒸气扩散的影响区域划定警戒区，无关人员从侧风、上风向撤离至安全区。消除所有点火源。建议应急处理人员戴正压自给式呼吸器，穿防腐、防毒服。作业时使用的所有设备应接地。禁止接触或跨越泄漏物。尽可能切断泄漏源。防止泄漏物进入水体、下水道、地下室或密闭性空间。小量泄漏：用砂土或其他不燃材料吸收。使用洁净的无火花工具收集吸收材料。大量泄漏：构筑围堤或挖坑收容。用抗溶性泡沫覆盖，减少蒸发。喷水雾能减少蒸发，但不能降低泄漏物在受限制空间内的易燃性。用飞尘或石灰粉吸收大量液体。用亚硫酸氢（$NaHSO_3$）中和。用耐腐蚀泵转移至槽车或专用收集器内。喷雾状水驱散蒸气、稀释液体泄漏物。

6.14.3　重大危险源动态监管子系统设计

重大危险源动态监管子系统采用地理信息系统实现对指定区域的重大危险源分布情况进行动态监管，同时要求采用国内领先的重大事故模拟分析技术来对重大危险源可能发生的重大火灾（液体池火灾）、爆炸（蒸气云爆炸、沸腾液体扩展蒸气爆炸、凝聚相爆炸）、毒物泄漏（有毒有害气体泄漏扩散）等事故进行定量化模拟分析，并自动进行重大危险源评价分级。

1. 系统设计思路

重大危险源动态监管子系统的设计思路，如图 6-182 所示。

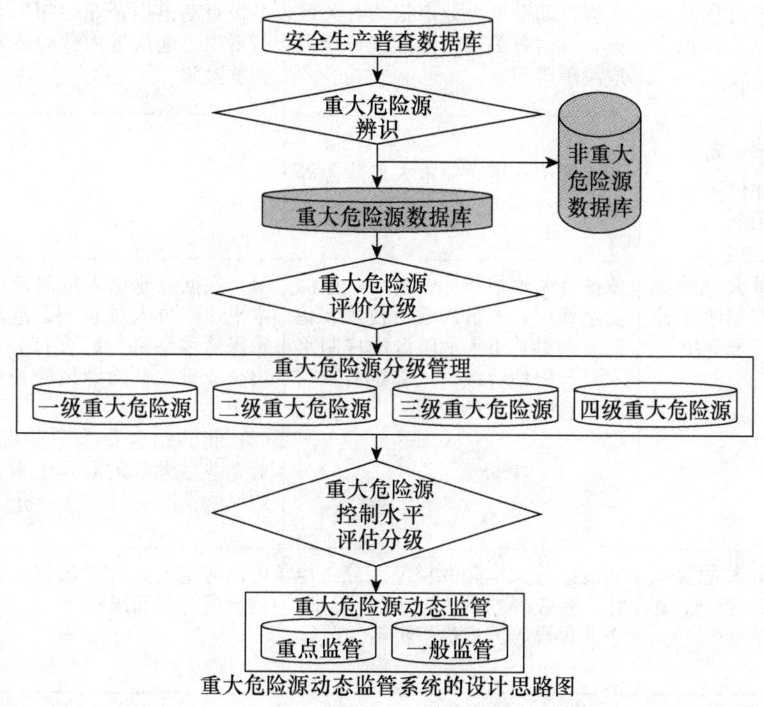

图 6-182　重大危险源动态监管子系统的设计思路图

2. 系统功能要求设计

重大危险源动态监管子系统功能要求，如表 6-17 所示。

表 6-17　重大危险源动态监管子系统功能要求设计

项次	子模块名称	功能要求	备注
1	重大危险源地理信息子系统	(1) 实现地图的基本操作：放大、缩小、漫游、全局图、鹰眼等； (2) 地图空间分析功能：定位查询、圆选、框选、多边形选、最佳路径分析； (3) 地图导出打印功能； (4) 比例尺功能：在地图上可直接连线距离或框选面积等； (5) 图标的功能：如 9 个图形 4 种颜色分别代表 9 类危险源，4 种颜色分别代表危险源不同级别。能用图标直观区分出危险等级与管理等级是否相适应	(1) 通过设定地图图层显示属性进行图层过滤；通过提供一系列多选框，对企业行业类型、危险源类型、危险源等级、重大危险源辨识结果和救援单位类型（消防、公安、医疗、物资）进行点选，从而过滤显示内容； (2) 实现地图空间查询； (3) 通过查询危险源结果对危险源进行地图定位； (4) 通过查询方式实现地图图层自动过滤功能
2	重大危险源自动辨识子系统	能够自动根据企业申报的有关数据，依据有关国家标准进行重大危险源辨识	系统自动根据企业申报的数据进行辨识，确认重大危险源和非重大危险源
3	重大危险源评价分级子系统	能够评价确定企业重大危险源等级（1—4 级）	
4	重大危险源控制水平评估子系统	依据有关评估指标体系从企业的安全管理、人员素质、技术装备三方面对其重大危险源的控制水平进行评估分级，以确定需要重点监管的重大危险源	(1) 根据企业重大危险源的管理水平、岗位人员素质、危险源技术保障水平进行综合打分，评估出企业重大危险源风险控制水平等级； (2) 能够结合重大危险源等级，对企业重大危险源发生重大事故的风险情况进行综合分析
5	重大危险源分类监管系统	实现按重大危险源类型、分布地区、企业经济类型、行业类别、企业规模等方式进行灵活的监管	可以对重大危险源数据定期更新情况进行自动跟踪

6.14.4　重大危险源实时监测与预警子系统

重大危险源实时监测与预警子系统对港区重大危险源、重点企业进行监控。通过在生产经营单位选择适当位置装配视频摄像、传感器及监测仪表等设备，利用宽带、有线和无线网络将各种监测信息（如温度、压力和浓度等）、视频信号等参数的变化传输到生产经营单位的信息监控平台。从信息监控室大屏幕上可了解被监控对象的状态，根据信息的变化情况及时采取相应的措施，确保企业安全生产。根据隶属关系和分级监管原则，各级安监部门可通过网络与重点监控企业的监控平台连接，以实现对重点监控企业的远程实时监控。该子系统功能设计如图 6-183 所示。

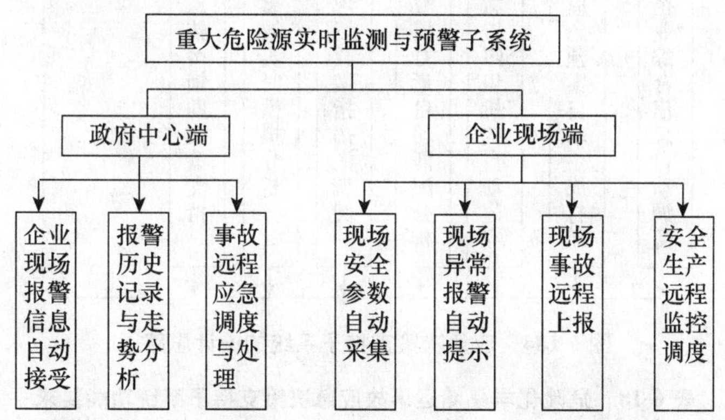

图 6-183　重大危险源实时监测与预警子系统功能结构图

6.14.5　重大事故应急决策支持子系统设计

重大事故应急决策指挥子系统要求结合应急救援知识库、应急预案库、GIS 空间分析技术等，能够为重、特大事故应急决策指挥提供全方位的支持信息，大大提高应急救援的反应能力和救灾的科学性。

此系统能够为应急救援工作及时、准确的提供：事故发生企业（地点）的分布位置、企业现场电子平面图、企业现场实景航拍图、应急预案、危化品特性及处置措施、应急救援组织机构、应急救援力量分布情况、灾害的影响范围、救援最佳路径等信息。

1）系统设计思路

重大事故应急决策支持子系统的设计思路，如图 6-184 所示。

2）系统功能要求

应急决策支持子系统功能要求，如表 6-18 所示。

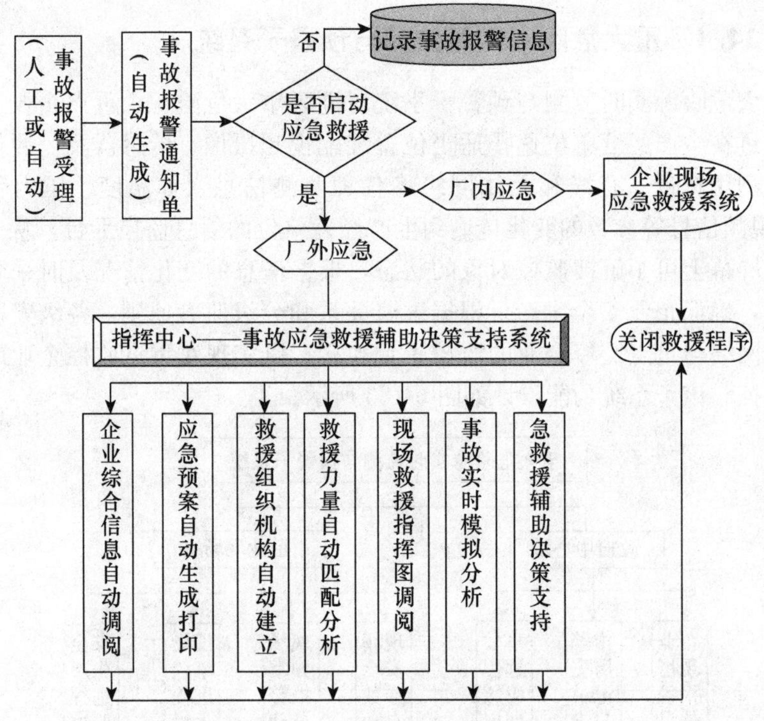

图 6-184　应急决策支持子系统的设计思路图

表 6-18　危险化学品储运事故应急决策支持子系统功能要求

项次	子模块名称	功能要求
1	应急救援知识库	包括安全法律法规库、安全标准规范库、危险化学品库、典型事故案例库等信息的管理（查询、增加、删除、修改）
2	救援力量与救援物资库	(1) 包括公安、消防、医疗、应急救援队伍力量等救援力量的地理分布管理（查询、增加、删除、修改）； (2) 事故处理相关方面安全专家的专业特长和联系方法的信息管理（查询、增加、删除、修改）； (3) 包括消防栓、消防车、急救药品等救援物资的地理分布管理（查询、增加、删除、修改）
3	应急救援组织机构管理	(1) 根据事故等级和类型，动态生成救援组织机构； (2) 可以对应急救援组织机构库进行维护管理
4	应急救援预案编制管理	(1) 包括港区、企业级各类综合、专项、现场预案管理； (2) 依据《应急预案编制导则》，自动生成预案编制模板，支持网上编制预案，并有预案审核功能

续前表

项次	子模块名称	功能要求
5	重大事故模拟分析子系统	利用模型（爆炸事故模型、火灾事故模型、毒物泄漏模型），能够根据模型参数自动模拟计算出各种事故的伤害半径、人员伤亡情况，以及事故破坏和影响范围。结合事发时的气象条件，在电子地图上显示事故影响范围
6	应急救援辅助决策支持	救援平台通过实时扫描数据库中的报警信息，弹出对应危险源事故的救援控制主界面，通过该控制主界面可以实现： （1）事发地点快速定位； （2）企业及危险源信息快速查阅； （3）应急预案快速查阅、打印； （4）应急救援组织结构自动生成； （5）事发物质 MSDS 快速生成； （6）最短救灾路径搜索分析； （7）救援力量自动搜索和匹配分析

6.15　用户管理与授权、状态监控模块设计

统一用户管理与授权系统应建立一个集中式的应用程序认证与授权机制，统一管理用户对应用程序的合法访问。建立统一的信息入口、统一的用户管理机制，实现统一的访问策略定制。

模块功能如下：

（1）规划各级用户 VPN 接入的 IP 地址。

（2）实现各级节点和监控企业在线状态的监控、巡查功能。

（3）实现日志管理。

（4）提供基于角色授权的权限管理功能和基于组的用户管理功能。按照用户所在的部门或职能分组分级管理。支持多用户管理，可设置个人用户及组用户。系统支持组和个人权限设置，可对区域范围、模块内容和操作功能项等进行权限设定。要求实现省、市、县三级不同安监部门间不同级别的权限统一授权及管理，针对每个子系统、模块及业务数据表进行权限配置。

用户管理功能的使用：

用户管理功能包括企业用户管理、后台用户管理等相关管理功能。如图6-185中红色区域所示。

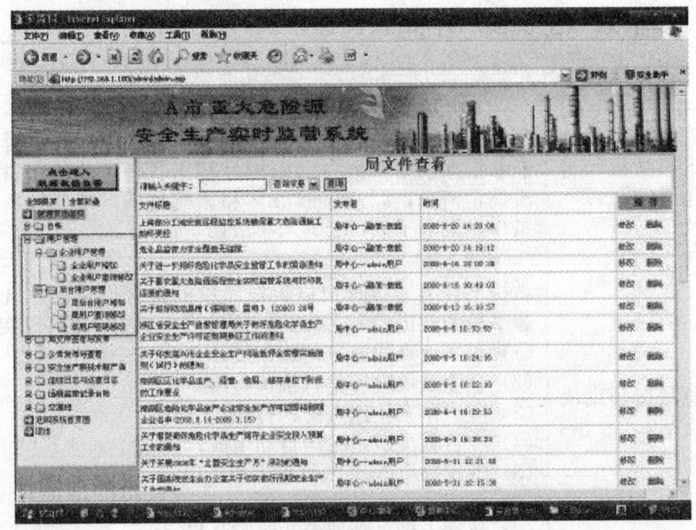

图 6-185

在此界面可进行企业用户的增加、企业用户查询修改、局后台用户增加、局用户查询修改及本用户密码修改等相关功能。

企业用户增加：可进行对新的企业密码登录权限的分配和管理，如图 6-186 所示。

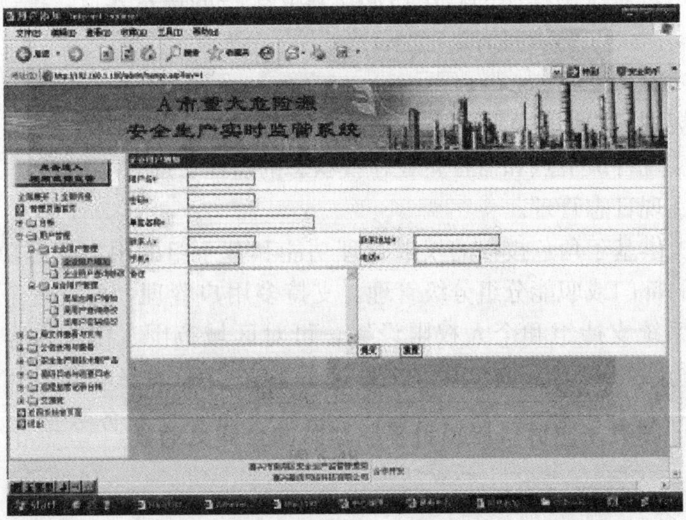

图 6-186　企业用户增加图

企业用户查询修改：在企业忘记密码或者密码失效的情况下，中心端可对企业密码寻回，并且可以指定新的权限。如图 6-187 所示。

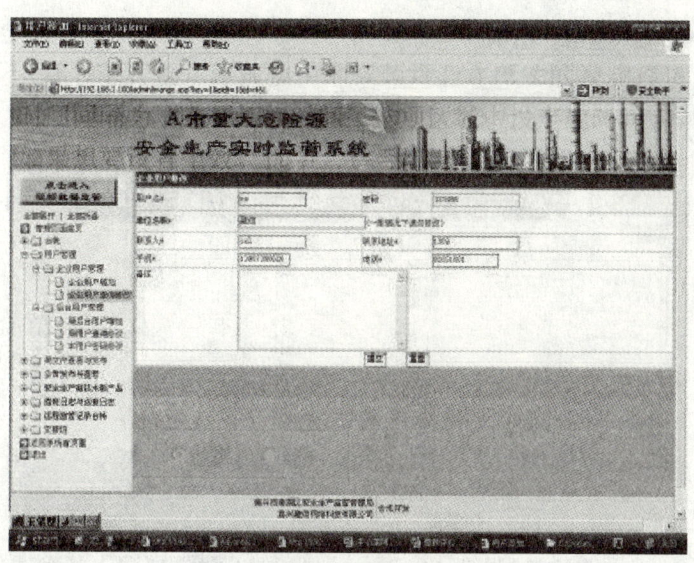

图 6-187　企业用户查询修改图

局后台用户增加：可对值班中心人员进行密码权限的指定，进行中心值班人员的考核与管理。如图 6-188 所示。

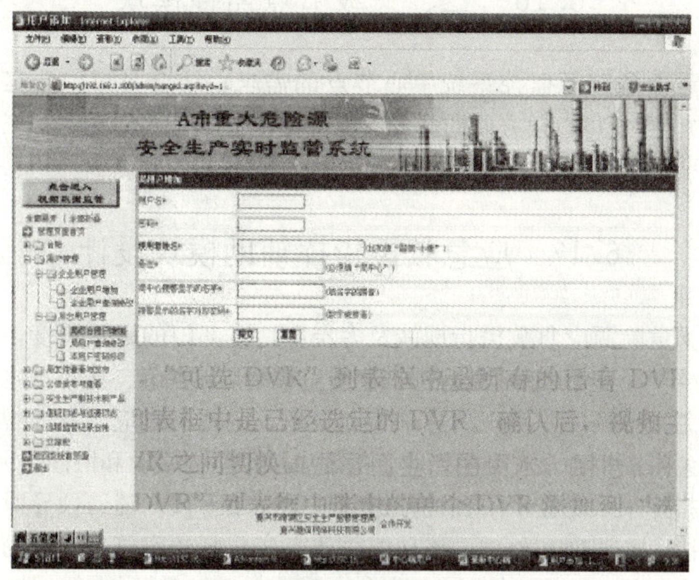

图 6-188　局后台用户增加图

局用户查询修改：在值班人员忘记密码或者密码失效的情况下，中心端管理最高权限可对密码寻回，并且可以指定新的权限。如图 6-189 所示。

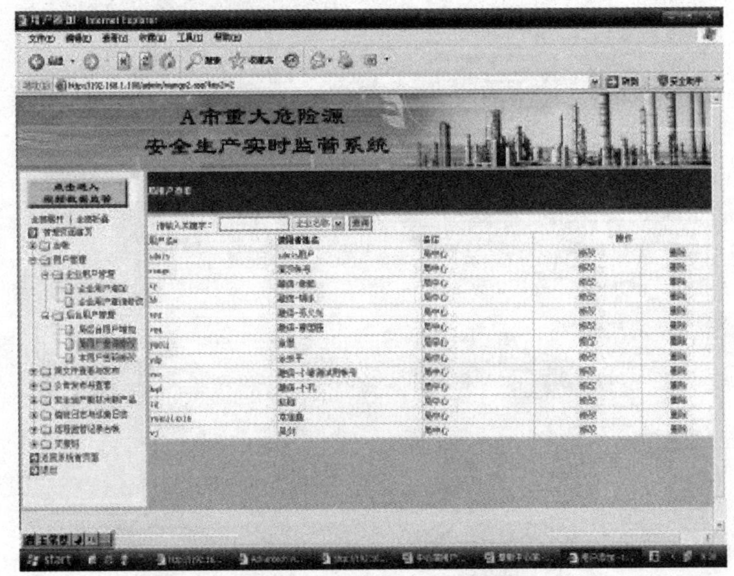

图 6-189　局用户查询修改图

6.16　二、三级节点监控模块

参照重大危险源监控系统中心节点的需求，结合各市、县实际，利用J2EE架构优点，可以很方便的开发适用于市、县安监部门的二、三级监控子系统。

6.17　应急救援指挥辅助模块设计

省重大危险源应急救援指挥涉及多层次、多部门的联动调度，对全省重大危险源生产经营单位动态监控的同时，应实现与各市、县安全生产监督管理局的应急指挥调度，实现信息采集和报送，实现与省应急指挥中心、省其他专项应急指挥中心及安全生产应急指挥成员单位的联动和协调。

应急指挥子系统应采用各种分析和辅助决策手段，辅助领导对突发应急事件进行决策、调度和处理。该功能总体上应包括预案管理、辅助分析和指挥调度三个部分。

其中，辅助分析需要嵌入视频，并结合电子地图显示各图层、可调度资源、统计分析、事件趋势预测、事态分析展现。通过事态分析展现，估算事件造成的破坏区域和影响范围；在电子地图上标出危险区、隔离区和警戒区，给出各区域危害程度和防护要求等信息；列出危险区、隔离区和警戒区域内相关设备；列出应急响应队伍的联系电话、联系人和主要职责等信息；可在事件模拟图上根据具体情况及时反馈到现场以及协作处理的相关单位。

通过 GIS 平台，展现所辖区域的重大事故隐患和重大危险源的地理位置、危险程度相关的数据、周边情况、企业信息。当事故发生或出现紧急情况时，系统向监控中心提供以上数据，以便于组织事故应急救援方案。

重大危险源事件应急救援指挥模块应实现以下数据库的维护与管理，如表 6-19 所示。

表 6-19　数据库的维护与管理表

序号	表名	描述
1	应急管理机构（应急办）信息表	应急管理机构的基本信息
2	专家信息表	各类专家的基本信息
3	应急救援队信息表	应急救援队的基本信息
4	应急物资保障信息表	应急物资保障信息
5	应急物资隶属关系表	描述应急物资属于哪个单位
6	应急物资储备库表	应急物资储备库信息
7	应急通信保障信息表	应急通信保障信息
8	通信网信息表	应急通信网基本信息
9	运输保障资源信息表	应急运输保障信息
10	运输保障资源扩展表	应急运输保障资源扩展信息
11	应急资金管理机构表	应急资金管理机构信息
12	应急资金表	应急资金信息
13	避难场所信息表	避难场所的基本信息
14	应急资源扩展属性配置表	应急资源扩展属性配置信息
15	应急资源扩展属性记录表	应急资源扩展属性记录信息
16	其他	根据业主要求调整

系统基本功能要求如下：

（1）应急预案管理。

提供政府应急预案、企业应急预案、应急预案模板的录入、修改、删除、查询功能，支持从相关业务系统的预案导入。

删除需要包括单条删除和批量删除两种模式。每次删除操作都直接从数据库中删除相应记录。

预案查询功能包括单条件查询、模糊查询和组合条件查询模式。

企业应急预案管理与调用：

应急预案文档管理，如图 6-190 所示：

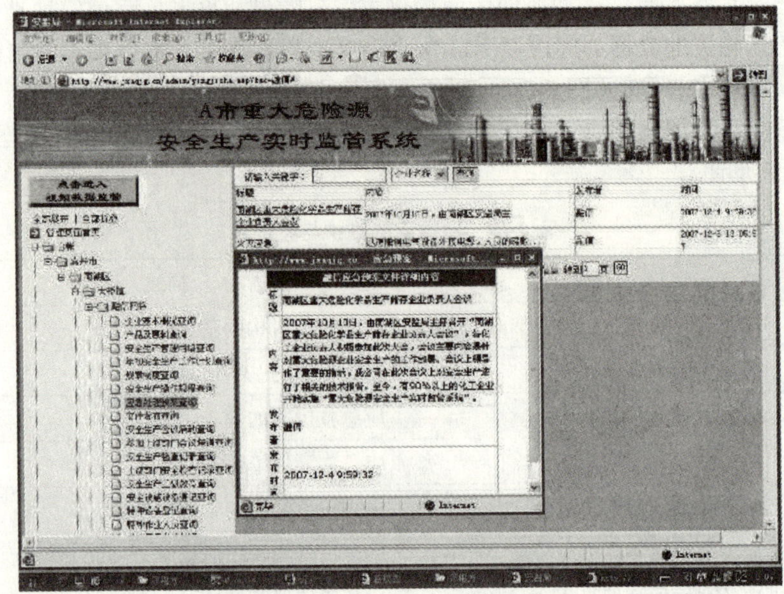

图 6-190　应急预案文档管理图

应急预案救援图管理，如图 6-191 所示：

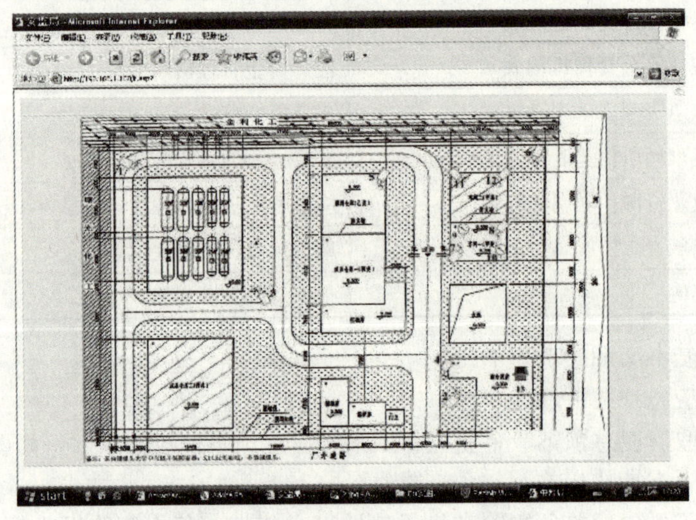

图 6-191　应急预案救援图管理图

预警接警与救援指挥，如图 6-192 所示：

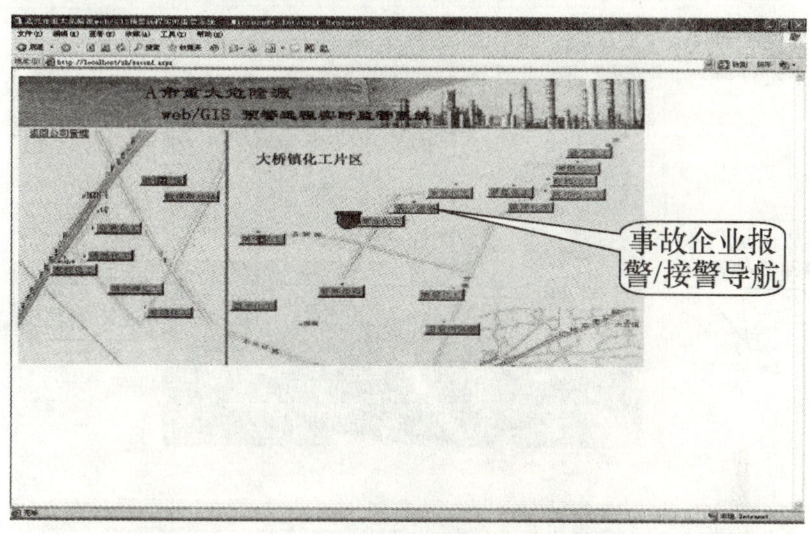

图 6-192　预警接警与救援指挥图

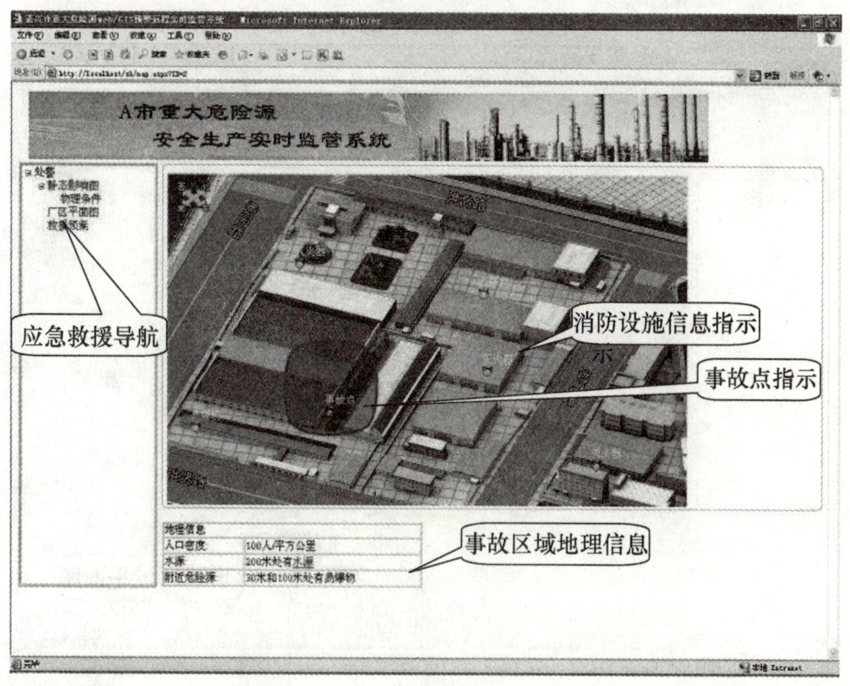

图 6-193

A市重大危险源
安全生产实时监管系统
事故区域气象
物理条件
在区域气象
物理条件影
响下动态扩
散影响范围
事故区域气象
物理条件选择

图 6-194

A市重大危险源
安全生产实时监管系统
事故区域平面图

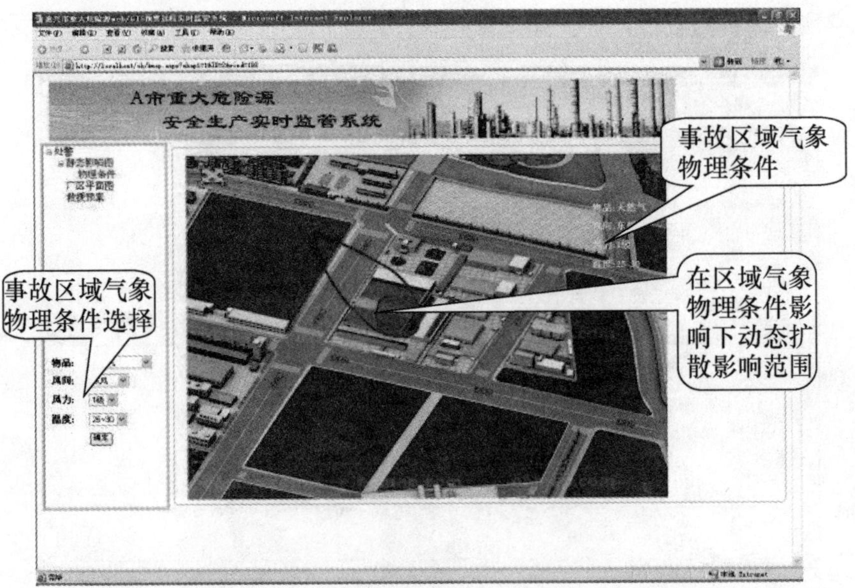

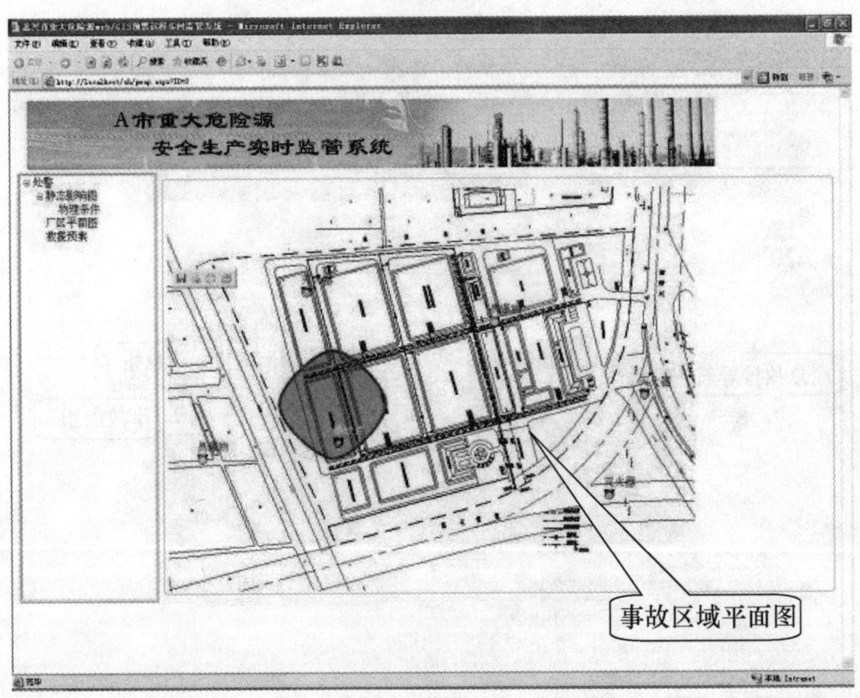

图 6-195

A市重大危险源
安全生产实时监管系统
事故现场危险源布局管理系统
事故区域危险源分布指示

图 6-196

A市重大危险源
安全生产实时监管系统
事故影响静态仿真分析系统
事故区域临近危险源分布指示
事故静态最大影响区域

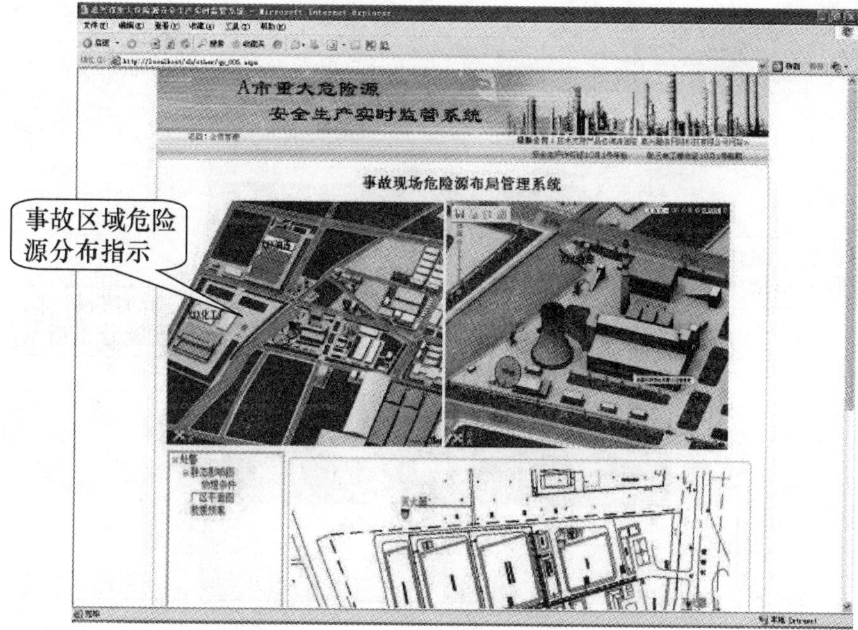

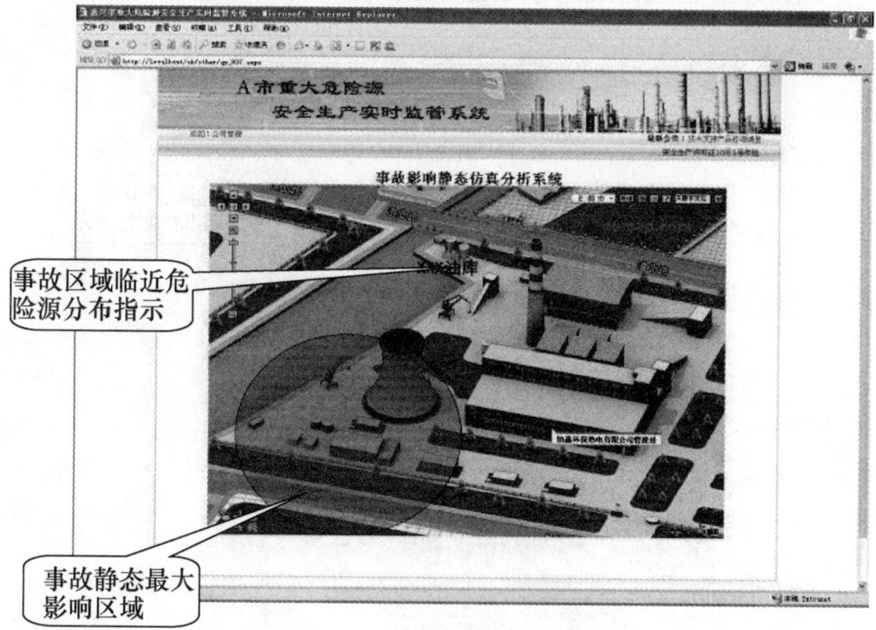

图 6-197

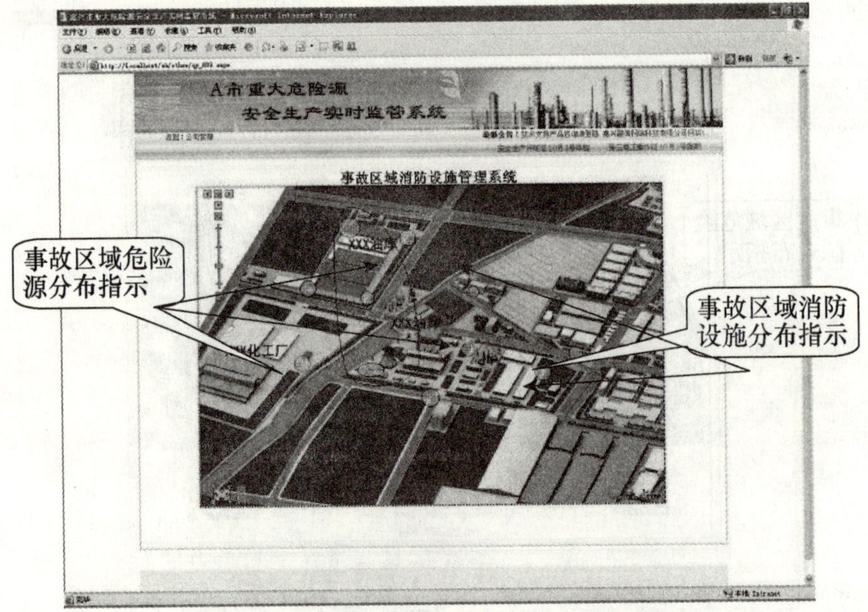

图 6-198

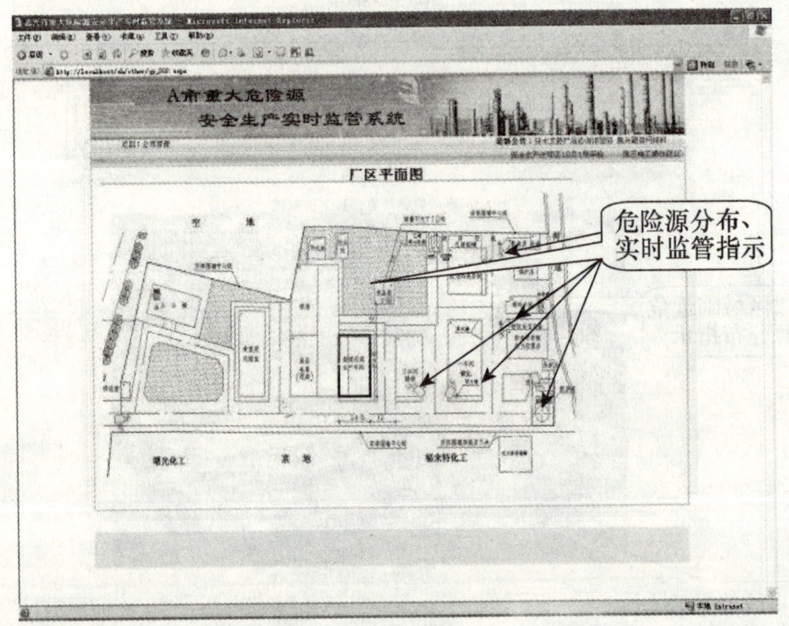

图 6-199

(2) 应急资源管理。

主要对系统中应急资源数据（应急队伍、应急物资、医疗保障机构、运输保障机构、通信保障机构、技术支持机构、专家）分别进行录入、修改、删除和查询。

应急资源数据的删除功能提供单条删除和批量删除两种模式。每次删除操作都直接从数据库中删除相应记录。

应急资源数据的查询模式包括单条件查询、模糊查询和组合条件查询模式。

（3）应急决策支持。

应急决策支持系统是基于 GIS 的应用系统，主要包括以下功能模块。

①接警管理。

接警管理模块的主要功能是对事故报警信息的记录。应急指挥中心值班员根据报警者提供的有关事故信息来记录接警信息。对于来自现场报警者、企业指挥中心的报警信息，系统统一在接警记录中进行维护（见图 6-200）。

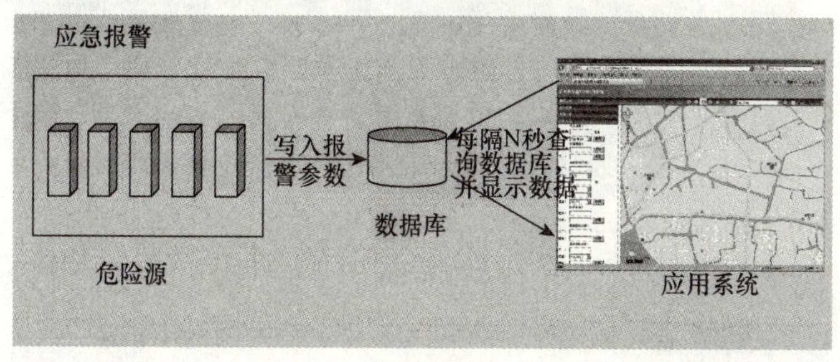

图 6-200

②处警管理。

处警管理模块是根据接警信息，结合应急预案，做出进一步的响应。主要包括：

- 事故现场定位：电子地图上自动定位事故现场位置。
- 事故通知：指挥中心值班人员根据事故通知对象列表，向领导和有关人员发送通知。
- 标准处置流程调阅：值班人员根据报警信息，调阅相应的事故标准处置流程。
- 应急信息上报：值班人员根据事故大小和类型向上级部门报告有关事故和应急救援信息。

（4）事故后果模拟。

系统可对重大火灾、爆炸及毒气泄漏事故进行数学模拟，通过 GIS 平台显示各种事故后果，确定死亡、重伤、建筑物破坏区域。

当事故发生后，系统根据事故现场实时监测参数，使用事故后果模型，快速计算事故影响范围。

当有毒有害气体发生泄漏时，事故扩散模拟能够根据风速、风向模拟出有毒有害气体扩散速度及扩散范围，以便为救援指挥提供依据。

图 6-201

图 6-202

图 6-203

图 6-204

(5) 现场图像切换。

通过接口实现公安、交通和重点企业等部门的视频图像接入。一旦事故发生时，应急指挥人员可以选择地理信息系统上的监控点，将事故现场的视频图像切换到指挥中心的大屏幕上。

(6) 应急恢复。

当应急救援行动结束之后，进入应急恢复阶段。应急恢复主要包括现场清理、人员清点和撤离、警戒解除、善后处理和事故调查等。

系统根据事故类型和大小，提供恢复方案，其主要内容包括：

• 现场清理方案：根据事故类型，可从方案库中选出事故现场的清理方案。

• 善后处理：根据事故类型，可从方案库中选出恢复生产方案。

• 事故记录：结合日志管理模块，实现对应急过程的记录，存放到事故数据库中。

(7) 应急演练及培训。

①应急演练模块。

提供对省安监局组织开展的重大事故应急演练全过程（包括准备、策划、实施、评价）的管理，主要功能模块包括：

• 演练方案设计

设计演练实施方案，其内容包括演练的定位及必要性、演练的日标及要求、演练总体设想。其中，总体设想包括时间、地点、假设条件、模拟行动、演练情景（含假想事件说明书及其他相关背景信息）、各类参演人员的任务及职责、演练程序、演练的组织与管理、演练的技术支持和保障条件、演练的总结与评价以及其他相关内容。

• 演练脚本编写

编写与演练方案一致的演练脚本，明确主要场景、内容和动作等要求，从而形成一个完整的演练脚本。

演练信息卡制作：可通过本模块为参演人员编写信息卡。

• 演练评估与总结

制订演练评估方案，包括评估目的、评估人员的构成及分工、评估标准或要点、评估程序、总结办法以及有关要求。

演练归档：对历年组织的所有应急演练进行管理和维护。

②应急培训模块。

此模块主要面向安监局、企业安全管理人员，提供有关事故安全生产理论、应急救援知识、应急救援案例、安全生产法律法规等内容的学习、培训和考核。

6.18 有效期到期提醒年检年审模块设计

为了使省重大危险源监控平台应用软件系统的建设更符合管理工作实际

需求，针对管理工作中经常产生的有效期过期失效问题，设计了特种工种人员培训、仪器仪表、设备设施、生产许可证等到期提醒年检年审模块。该模块自动巡检各企业特种工种人员培训、仪器仪表、设备设施、生产许可证等登记信息，在有效期到期前 1～3 个月可自动提醒企业管理人员和中心管理人员。为管理人员提前做好工作，及时做好特种工种人员培训、仪器仪表、设备设施、生产许可证等年检年审工种，为避免工种失误提供了良好的技术手段。

有效期到期自动提醒年检年审模块提醒界面如下。

图 6-205

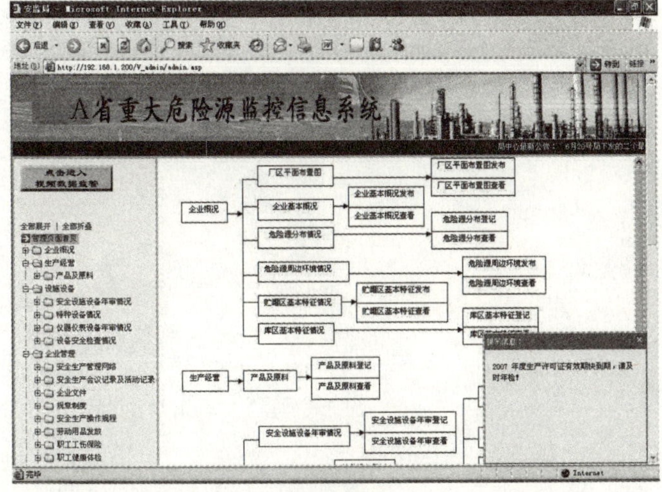

图 6-206

有效期到期自动提醒年检年审模块查询界面如下（见图 6-207）。

图 6-207　有效期到期自动提醒年检年审模块查询界面图

6.19　资金概估算

重大危险源监控建设主要分为平台和前端建设，建设资金应该含平台及前端建设费用，可以按照行业平均水平每个监控点预估为 1 500～3 000 元。

第 7 章　重大危险源安全监控运营模式

重大危险源安全生产监控项目建成投入运营后，主要运营成本构成如下。

7.1　政府端

(1) 光纤线路接入费用。根据实际租用带宽和数量计算。

(2) 平台建设费用。包括软件平台、硬件平台、数据采集设备及监控指挥中心建设等。

(3) 设备维保费用。包括设备保修保养和升级服务、备品备件服务、故障排除服务、设备定期巡检服务等，按照实际设备总价的百分比计算。

(4) 应用软件维护、升级费用。应用软件年升级与维护费用。

7.2　企业端

(1) 光纤线路接入费用。根据实际接入带宽和数量计算。

(2) 终端维护费用。包括终端设备保修保养和升级服务、备品备件服务、故障排除服务、设备定期巡检服务等。

(3) 设备租赁费用（可选）。

企业端建设可以有两种方式：

(1) 企业自行购买终端设备，具体费用可根据企业的实际情况进行调整。企业一次性付费，交由第三方集成安装，日常运维交由运营商负责。

(2) 集成后整体租赁给企业，运营商必须保证建设技术要求进行安装。企业需一次性支付工程安装费，在安装验收后的三年内每月支付设备租赁费，日常运维交由运营商负责。

7.3 其他建设模式比较

	系统租赁模式	BT 建设模式	系统集成模式
主体	租赁方：业主	业主方：业主	业主方：业主
	出租方：运营商	建设方：运营商	集成方：运营商
建设内容	提供满足租赁方实际工作需要系统	建设满足业主方实际工作需要系统	建设满足业主实际工作需要系统
建设成本	只需按一定支付周期支付系统租赁费用，无须一次性建设成本，整体资金压力小	在互利互惠的基础上分期支付建设成本，有一定的资金压力	一次性投入建设成本，整体资金压力大
支付时间	在系统建设完成使用后按一定支付周期支付系统租赁费用	在系统建设前支付第一笔费用，根据协商结果分期支付其余费用	在系统建设前需支付第一笔费用，在系统完成时支付第二笔费用，在一定时间（通常为一年）后支付其余费用
维护成本	租赁方仅是使用此系统，能有效得到出租方专业人员提供的专业服务和支持，享受电信级的专业服务，无后期的维护成本	双方在互利互惠的基础上友好协商系统出保后的质保服务、系统软硬件维护由何方承担，可以在一定程度上得到专业人员提供的专业服务和支持，维护成本较高	系统出保后的质保服务、系统软硬件维护均由业主方自行维护，较难得到专业人员提供的专业服务和支持，维护成本较高
项目风险	通过租赁方式减低系统、设备淘汰、替换等风险，租赁方分担了项目投资风险，项目风险最低	通过分期支付方式，建设方分担了一定的项目投资风险，项目风险较低	需自己承担项目投资风险，项目风险最高

第 8 章　智慧安全实施步骤及策略

城市积极响应国家战略布局和要求，勇做新技术应用领域的探索者，服务广大人民群众，全面开创“十二五”服务信息化新局面。

城市将与统筹各政府部门和企业，加强合作和资源共享，进行智慧安全的深化设计：

（1）明确规划框架与建设项目。根据智慧城市建设框架及地方政府部门“十二五”规划，明确规划内容和框架。

（2）评估建设优先级。根据紧迫程度、项目实施必要性及当地实际情况进行建设项目筛选，规划建设进度。

（3）分析需求与技术手段。以切合政府“十二五”规划为主旨，以当地产业需求为依据，结合信息化技术手段，梳理建设需求。

（4）投资收益及产业链模式分析。缜密分析产业模式和性质，整合产业链利益分配体系，形成合力推进智慧城市的建设。

推进智慧安全建设是一项周期性、综合性工程，应根据相关规划，因地制宜、稳步推进智慧安全建设，做到边建设、边应用、边出成效。具体实施步骤如下：

一期：以基础网络建设搭建、应用平台、指挥中心等建设为主。

二期：以扩展型模块扩大建设领域为主。

后 记

在本书即将出版之际，在此特向长期指导我、关心我成长的导师——西北工业大学管理学院副院长郭鹏教授、博士生导师，公安部消防研究所《防灾与安全》（消防科学）杂志副主编杨政博士，浙江警官职业学院党委书记周祖勇研究员，院长黄兴瑞教授致以诚挚的谢意!

特向长期指导我的行业专家，浙江省安全生产科学研究院副院长包其富教授、高工、总工曹寄梅、浙江省安全生产监督管理局危化处处长曹加进、危险化学品及重大危险源管理与消防救援专家沈月斌、张兴业、谢中立等致以真挚的谢意!

本书得到中国轻工业自动化研究所教授级高工薛根书记的大力支持及中国轻工业自动化研究所学术专著出版项目资助，在此深表感谢。同时，我还要对在本书的写作过程中，关心、帮助过我的各位朋友及我的家人王娟、程佳祎致谢，因为我深知，如果没有他（她）们的支持和帮助，我无法完成本书!

程孝龙

2013 年 7 月 16 日